智能化网络工程与通信应用技术

阎　嵩　曹　伟　游光才　著

黑龙江科学技术出版社

图书在版编目（CIP）数据

智能化网络工程与通信应用技术 / 阎嵩, 曹伟, 游
光才著. -- 哈尔滨：黑龙江科学技术出版社, 2022.4（2024.4 重印）
ISBN 978-7-5719-1315-1

Ⅰ.①智… Ⅱ.①阎… ②曹… ③游… Ⅲ.①智能通
信网②智能通信 Ⅳ.①TN91

中国版本图书馆CIP数据核字(2022)第040720号

智能化网络工程与通信应用技术

ZHINENGHUA WANGLUO GONGCHENG YU TONGXIN YINGYONG JISHU

作 者	阎 嵩 曹 伟 游光才	
责任编辑	陈元长	
封面设计	刘梦杳	
出 版	黑龙江科学技术出版社	
地 址	哈尔滨市南岗区公安街70-2号 邮编：150001	
电 话	（0451）53642106 传真：（0451）53642143	
网 址	www.lkcbs.cn www.lkpub.cn	
发 行	全国新华书店	
印 刷	三河市元兴印务有限公司	
开 本	787mm×1092mm 1/16	
印 张	8	
字 数	118千字	
版 次	2022年4月第1版	
印 次	2024年4月第3次印刷	
书 号	ISBN 978-7-5719-1315-1	
定 价	40.00元	

内容简介

随着科技的迅速发展，智能化网络工程与通信应用技术的应用范围也在拓展。本书对网络与数据通信基础知识、电子通信系统基础知识做了详细的介绍；对数字微波通信相关概念与基础知识、数字微波通信系统理论、数字微波通信技术应用研究等内容进行了深入的分析；对智能化楼宇技术、安防系统技术、消防与办公自动化技术等内容进行了细致的研究。

前　言

全球经济的发展加剧了国家之间的竞争，从而使国际市场竞争愈演愈烈。要想在市场竞争中占有一席之地，各个企业务必加快高新技术的改革步伐，促成各个行业之间的信息技术竞争，推动高新技术的进步与发展。智能化网络工程技术与通信应用技术都属于高新技术，两者之间存在着必然的联系。通信技术的发展离不开智能化网络技术的支持，两者相互结合、相互推动，共同促进经济的发展。

随着我国综合化网络的逐步建设，计算机网络通信技术也在迅速发展，能够为人们提供更多信息资源类的服务。网络技术会影响当前人们的生活及生产发展，提升人们的生产生活质量，并且能够满足人们对信息资源使用的相应要求。随着网络的迅速发展和通信及计算机技术的互相促进，人们对其中使用的精密电子设备，如计算机、程控交换机等，以及工业过程控制、各行业的实时控制及运算系统供电质量的要求变得越来越高，我们需要新一代的更智能、更具灵活性的智能化网络。智能化网络技术的发展在整个人类的发展进程中起到了不可磨灭的作用，尤其是通信工程技术的发展和网络技术的支持。网络技术的发展与进步使通信工程技术产生了与时俱进的变化，也成为通信工程技术发展的最大助力。网络技术能有如今的成就同样也离不开通信工程技术的支持。通信工程通过网络技术能够将庞大的信息量与数据内容进行大范围或远距离传输，这极大地提升了全球范围内的交流效率，意义深远。而这一点也间接地为网络技术的推广与普及带来积极的作用，并更好地为其发展提供条件。

通信工程的发展和网络技术的进步相互影响，又相辅相成。网络技术在技术层面保障了通信工程不断发展至今的成就，而通信工程也在客户层面对网络技术进行了普及。通信工程技术的发展可以更好地服务大众，目前这类技术多应用于教育、科研等领域。在大数据技术快速发展的背景下，通信工程技术可以融合更多信息技术，提高信息的收集速度和利用效率，更准确地服务不同类型的客户群体。

本书对智能化网络工程与通信方面的知识进行了仔细的梳理和分析，希望可以为从事相关行业的读者提供一些有益的参考和借鉴。由于时间、水平有限，书中难免有疏漏之处，恳请广大读者批评指正。

目 录

第一章　网络与数据通信基础知识

第一节　计算机网络基本概念与拓扑结构

当今社会，计算机网络深刻地影响着社会的发展、人们的生活方式等。因此，处于网络时代的学生要更好地掌握计算机网络技术知识。本节主要是为了帮助学生理解计算机网络的基本概念，掌握各种网络拓扑结构的特点及其优缺点。

一、计算机网络的基本概念

一般来说，新技术的出现需要具备两个条件，即社会需求和前期技术的成熟。计算机网络技术的社会需求主要来自军事、科学研究，以及企业经营管理，它们希望将分布在不同地域的计算机通过通信线路相互联结成一个网络。网络用户通过计算机可以使用本地计算机上的软件、硬件与数据资源，也可以使用网络中其他地点的计算机上的软件、硬件与数据资源，以达到计算机资源共享的目的。而随着个人计算机与工作站的出现和广泛应用，在小范围内实现多台计算机联网的需求也日益强烈。在这种背景下，计算机技术与通信技术不断发展，就产生了计算机网络。

（一）计算机网络的定义

到目前为止，计算机网络尚未形成如数学概念那样严格的定义。人们根据看待问题的观点的不同，给计算机网络下了不同的定义。例如，计算机网络界权威人士安德鲁·特南鲍姆（Andrew Tanenbaum）的定义："计算机网络是一些相互独立的计算机互联集合体。若有两台计算机通过通信线路（包括无线通信）相互交换信息，就认为它们是互联的。而相互独立或功能独立的计算机是指网络中的一台计算机不受任何其他计算机的控制

（如启动或停止）。"

本书介绍一种能够较全面地反映计算机网络特征的定义：计算机网络是指将若干台独立自主的计算机，用某种或多种通信介质连接起来，通过完善的网络协议，在数据交换的基础上实现网络资源共享的系统。

定义中"独立自主"的含义是指每台计算机都可运行各自独立的操作系统，各计算机系统之间的地位平等，无主从之分，即任何一台计算机不能干预或强行控制其他计算机的正常运行，否则就不是自主的。

从上述定义中我们可以看出，数据交换是网络最基本的功能，其他各种资源共享都是建立在数据交换的基础上的。数据交换的必然前提是用传输介质（如双绞线、同轴电缆、光纤、微波等）将计算机连接起来。

（二）计算机网络的组成

在逻辑功能上，计算机网络可以划分为两个部分：一部分的主要工作是对数据信息进行收集和处理；另一部分则专门负责信息的传输。美国国防部高级研究计划局（Defense Advanced Research Projects Agency, DARPA）把前者称为资源子网，把后者称为通信子网。

1. 资源子网

资源子网主要对信息进行加工和处理，接受本地用户和网络用户提交的任务，最终完成信息的处理。它包括访问网络和处理数据的软硬件设施，主要有计算机、终端和终端控制器、计算机外设、相关软件和共享的数据等。

2. 通信子网

通信子网主要负责计算机网络内部信息流的传递、交换和控制，信号的变换和通信中的相关处理工作，间接地服务用户。它主要包括网络节点、通信链路、交换机和信号变换设备等软硬件设施。

（三）计算机网络的功能

计算机网络的功能有很多，归纳起来主要包括数据交换和通信、资源共享、提高可靠性、分布式网络处理和均衡负荷等。

1. 数据交换和通信

数据交换和通信是指计算机和计算机之间或计算机与终端之间可以传送数据、文件等。例如：电子邮件（E-mail）可以使相隔万里的异地用户快速准确地相互通信；文件传输服务可以实现文件的实时传递，为用户查找和复制文件提供了有力的工具。

2. 资源共享

计算机网络的主要目的是实现网络中软件、硬件和数据的共享。资源共享是计算机网络组网的目标之一。在计算机网络中，资源共享主要有以下三种形式：①硬件共享：用户可以使用网络中任意一台计算机所附接的硬件设备。例如，同一网络中的用户共享打印机、硬盘空间等。②软件共享：用户可以使用远程主机的软件，包括系统软件和用户软件。③数据共享：网络用户可以使用其他主机和用户的数据。

3. 提高可靠性

计算机网络通过备份技术可以提高计算机系统的可靠性。当某一台计算机出现故障时，可以立即由计算机网络中的另一台计算机来代替其完成所承担的任务。例如，空中交通管理、军事防御系统、工业自动化生产线、电力供应系统等都可以通过计算机网络设置，保证实时管理以及不间断运行系统的可靠性和安全性。

4. 分布式网络处理和均衡负荷

在大型的任务处理中，当某些设备负荷太重时，我们可将任务分散到网络中的其他计算机上进行，或由网络中比较空闲的计算机分担负荷。这样既可以处理大型的任务，使得一台计算机不会负荷过重，又提高了计算机的实用性，起到了分布式处理和均衡负荷的作用。

（四）计算机网络的分类

计算机网络有多种不同的分类方式，可以按照网络覆盖的地理范围、网络的传输技术、管理性质等进行分类。

1. 按照网络覆盖的地理范围进行分类

（1）局域网（local area network, LAN）：局域网的覆盖范围一般为直径数千米，即最远的两台计算机之间的距离为数千米。该类型的网络主要具有专用、规模小、传输延迟小等特征。目前，我国绝大多数企业都建立了自己的企业局域网。

（2）城域网（metropolitan area network, MAN）：城域网的覆盖范围是一个城市，直径为数十千米到上百千米。随着网络技术的发展和新型网络设备的广泛应用，距离的概念逐渐被淡化，局域网及局域网互联之间的区别也逐渐模糊。与此同时，越来越多的企业和部门开始利用局域网互联技术组建自己的专用网络，这种网络覆盖了整个企业和部门，范围可大可小。

（3）广域网（wide area network, WAN）：广域网的覆盖范围通常为直径数十千米到数千千米，其可以覆盖整个城市、国家，甚至整个世界。该类型网络主要具有传输延迟大、规模大等特征。广域网使用的传输设备和传输线路通常由电信部门提供，也可由其他部门提供。在我国，除电信网外，还有广电网、联通网等为用户提供远程通信服务。

2. 按网络的传输技术进行分类

（1）广播式网络：在采用广播信道的通信子网中，一个公共的通信信道被多个网络节点共享。当某台计算机在信道上发送数据包时，网络中的每台计算机都会收到这个数据包，收到数据包的计算机会将自己的地址和分组中的地址进行比较。如果相同，则接收该数据包；反之，则丢弃该数据包。

（2）点到点（Ad-Hoc）网络：在采用点对点线路的通信子网中，每条物理线路连接一对节点，其分组传输要经过中间节点的接收、存储、转发，直至目的节点。从源节点到达目的节点可能存在多条路径，因此需要使用路由选择算法。

3. 按照管理性质进行分类

根据对网络组建和管理的部门的不同，我们常将计算机网络分为公用网和专用网。

（1）公用网：由电信部门或其他提供通信服务的经营部门组建、管理和控制，网络内的传输和转接装置可供任何部门和个人使用。公用网常用于广域网络的构造，支持用户的远程通信。公用网属于国家基础设施，主要包括以下几种网络类型。

公用电话交换网：我们平常用到的电话传输网络，是基于模拟技术的电路交换网络。该网络的传输速率低、质量差、网络资源利用率低、带宽有限、无存储转发功能，难以实现不同速率设备间的传输，只能用于要求不高的场合。

分组交换数据网：强调为公众提供可靠的服务，它的设计思想侧重于数据传输的可靠性，其误码率很低。该网络是一种性能优良的网络，允许用户通过一条物理信道获得成百上千条虚电路连接，在网内对传输的信息具有差错控制能力。因为它具有存储转发能力，并提供各种分组拆装设备的接口，所以允许异步、同步、不同速率的终端互连通信。公用分组交换数据网还提供电子信箱、电子数据交换和可视图文等增值业务。

数字数据网：高带宽、高质量的公用数字数据通信网，其传输信息的信道为数字信道。该网络是数字通信、计算机、光纤、数字交叉等多项技术的综合，可提供和支持多项业务和应用。

综合业务数字网："综合业务"是指其电信业务范围是多种多样的，包含和集合了现有的各种通信网（电话网、分组交换网等）的所有业务。该网络既能适应电话、图像等实时性要求高的业务，也能适应数字、数据这类具有很强突发性的信息业务，还可适应可能出现的各种性质的业务。在数据传输速率的适应能力上，该网络能适应低速和高速的用户网络接口传输速率，还可适应可变速率信息的传输。

（2）专用网：由用户或部门组建经营的网络，不容许其他用户和部门使用。由于成本的因素，专用网常为局域网或者是通过租借电信部门的线路而组建的广域网，如由学校组建的校园网、由企业组建的企业网等。

企业网是两个企业间的专线连接，这种连接是两个企业的内联网之间的物理连接。专线是两点之间永久的专用电话线连接。与一般的拨号连接不同，专线是一直连通的。这种连接的最大优点就是安全。除了这两个合法连接专用网的企业，其他任何人和企业都不能进入该网络。所以，专用网保证了信息流的安全性和完整性。专用网的最大缺点是成本太高，因为专线非常昂贵，每个想要使用专用网的企业都需要一条独立的专用（电话）线把它们连到一起。

（3）利用公用网组建专用网：目前，许多部门直接租用电信部门的通信网络，并配备一台或者多台主机，向社会各界提供网络服务。这些部门构成的应用网络称为增值网络（或增值网），即在通信网络的基础上提供了增值的服务，如中国教育和科研计算机网（CERNET）、全国各大银行网络等。

二、计算机网络的拓扑结构

计算机网络常采用拓扑学的方法，分析网络单元彼此互联的形状与性能的关系。网络拓扑就是把工作站、服务器等网络单元抽象成"点"，把网络中的传输介质抽象为"线"，形成由点和线组成的几何图形，从而抽象出网络系统的具体结构。下面主要介绍计算机网络中最简单的五种拓扑结构，即总线拓扑结构、环形拓扑结构、星形拓扑结构、树状拓扑结构和网状拓扑结构。

（一）总线拓扑结构

总线拓扑结构是指所有的节点都通过收发器连接在总线上，连接用户的物理介质由所有设备共享，各工作站地位平等，无中央节点控制。接收器负责接收总线上的串行信息并转换成并行信息，而后发送到个人计算机（PC）工作站。发送器将并行信息转换成串行信息，而后通过广播发送到总线上。总线上发送信息的目的地址与某节点的接口地址相符合时，该节点的接收器便接收信息。总线是共享介质，如果多台主机同时发送数据就会发生冲突，因此需要介质访问协议进行控制。

总线拓扑结构的传输介质有双绞线、同轴电缆和光纤。这种网络的可靠性高，任何节点故障都不会影响整个网络正常运行。

（二）环形拓扑结构

环形拓扑结构由多个中继器用传输介质连接成一个闭环，每个中继器都连接一个站点。

中继器从一端发送数据，从另一端接收数据，在环形拓扑结构中单向传输数据。主机发送的数据先组成数据帧，帧头部分包含源地址、目的地址和其他控制信息。数据帧在环上单向流动时被目标站复制，返回源站后被源站回收。因为多个站点共享单环，所以需要访问控制协议来控制数据的发送。

环形拓扑结构主要具有以下几个特点：每个端用户都与两个相邻的端用户相连，信息流在网中是沿着固定方向流动的，两个节点间仅有一条道路；由于信息源在环路中串行穿过各个节点，当环中节点过多时，会影响信息传输速率，使网络的响应时间延长；环路是封闭的，不便于扩充；可靠性低，若一个节点出现故障，将会导致全网瘫痪；维护难，对分支节点故障定位较难。

（三）星形拓扑结构

星形拓扑结构是指各工作站以星形方式连接成网，网络中有中心节点，其他节点（工作站、服务器）都与中心节点直接相连。这种结构以中心节点为中心，因此又称为集中式网络。中心节点是该结构网络中的关键设备，其可靠性十分重要，一旦中心节点发生故障，就会导致整个网络瘫痪。

（四）树状拓扑结构

与星形拓扑结构相比，树状拓扑结构可以看成星形拓扑结构的扩展，它是一种分级的集中控制式网络。树状拓扑结构的形状像一棵倒置的树，其顶端有一个带分支的"根"，每个分支还可延伸出了分支。层次结构中处于最高位置的节点称为根节点，负责网络的控制；末端节点称为叶节点。树状结构的优点是同一分支下的节点通信不会影响其他分支，因此可以隔离通信量和故障，而且树状结构层次清晰，设计和规划较复杂的网络相对简单。

（五）网状拓扑结构

网状拓扑结构是一种由两种或多种网络拓扑组成的拓扑结构，也称为混合型拓扑结构（有时也称为杂合型拓扑结构）。这种网状拓扑结构主要用在较大型的局域网中，其优势是可靠性高，但其劣势也很明显，即建网成本很高。一般情况下，网状拓扑结构用于对可靠性有较高要求的场合，如军用网络。

第二节　数据通信基础知识

计算机网络的基础是数据通信。发送信息的一端叫作信源，接收信息的一端叫作信宿。信源和信宿之间的通信线路叫作信道。原始的信息一般不适合直接在信道中传输，在进入信道之前需要将其变换为适合信道传输的形式，在到达目的地后再将信号还原。信号在传输的过程中会受到外界干扰，这种干扰会产生噪声，不同的传输介质产生的噪声大小也不同。

一、信息、数据与信号

（一）信息

信息，指音讯、消息、通信系统传输和处理的对象，泛指人类社会传播的一切内容。人们通过获得、识别自然界和社会中的不同信息来区别不同事物，从而认识和改造世界。在一切通信和控制系统中，信息是一种普遍联系的形式。

科学的信息概念可以概括为如下内容：信息是对客观世界中各种事物的运动状态和变化的反映，是客观事物之间相互联系和相互作用的表征，表现的是客观事物的运动状态和变化的实质内容。

从物理学上讲，信息与物质是两个不同的概念。信息不是物质，虽然信息的传递需要能量，但是信息本身并不具有能量。信息最显著的特点是不能独立存在，其存在必须依托一定的载体。

（二）数据

数据是信息的载体，是信息的表现形式。信息所描述的内容能通过某种载体（如符号、声音、文字、图像等）表现和传播。

（三）信号

信号是数据在传输过程中的具体物理表现形式，具有确定的物理描述。传输介质是通信中传输信息的载体。

二、数据通信方式

数据通信方式是指通信双方信息交互的方式。在计算机网络通信中有两种数据通信方式，即串行通信和并行通信。串行通信常用于计算机之间的通信；并行通信则一般用于计算机内部或近距离设备之间的传输通信。在串行通信中，还要考虑通信的方向，以及通信过程中的同步传输和异步传输问题。

（一）串行通信

串行通信在传输数据时，数据是 1 位 1 位地在通信上传输的。网卡负责串行数据和并行数据的转换工作。串行数据传输的速率要比并行数据慢得多，但对于覆盖面极其广阔的公用电话系统来说，具有更大的现实意义。串行数据有三种不同配置：单工通信、半双工通信、全双工通信。

1. 单工通信

单工通信是指通信双方只能由一方将数据传输给另一方，数据信号只能沿一个方向传输，发送方只能发送而不能接收，接收方只能接收而不能发送，任何时候都不能改变信号的传送方向。例如，有线电视广播的通信方式就是一种单工通信，电视台只能发送信息，用户的电视机只能接收信息。

2. 半双工通信

半双工通信是指通信的双方都可以发送和接收信息，但不能同时发送（当然也不能同时接收）信息，只能交替进行。这种通信方式是一方发送信息，另一方接收信息，一段时间后再反过来（通过开关装置进行切换）。例如，对讲机和步话机的工作方式就是典型的半双工通信。运用这种通信方式的设备比单工通信设备要贵，但比全双工通信设备便宜。

3. 全双工通信

全双工通信是指通信的双方可以同时发送和接收信息。全双工通信需要两条信道，一条用来接收信息，另一条用来发送信息，其通信效率很高，但结构复杂且成本高。例如，在电话系统中，用户既可以打电话，又可以接电话。在正常的电话通信过程中，通话的一方在说话，另一方在听，当然在不同的时刻，说话和听的双方是可以相互转换的，这时的电话通信就属于半双工的通信方式。如果通话的双方发生争吵，同时发表意见，采用的就是全双工通信方式。

在串行通信中，发送端逐位发送，接收端逐位接收，所以收发双方要采取同步措施（判断什么时候开始传输，什么时候结束传输）。通信双方收发数据序列必须在时间上取得一致，这样才能保证接收的数据与发送的数据一致，这就是通信中的同步。同步的方式有以下两种。

第一种为同步传输。同步传输就是使接收端接收的每一条数据信息都和发送端准确地保持同步，中间没有间断时间。以数据块为单位进行传输，发送方在发送数据块之前先发送一个或多个同步字符，用于接收方进行同步检测，从而使通信双方保持同步状态。在发送同步字符之后，可以连续发送任意多个字符或数据块，发送完毕后，再使用同步字符来标识整个发送过程结束。同步传输的传输效率高，对传输设备的要求也高。

第二种为异步传输。在异步传输中，任何两个字符之间的传输时间可以是随机的、不同步的，但在传输一个字符的时间内，收发双方各数据位必须同步。发送端在发送数据时，在每个字符前设置 1 位起始位，在每个字符之后设置 1 位或 2 位停止位。起始位为低电平，停止位为高电平。在发送端不发送数据时，传输线处于高电平状态；当接收端检测到低电平（起始位）时，表示发送端开始发送数据，于是便开始接收数据；在接收了一个字符的数据位后，传输线将处于高电平状态。这种传输方式又称为起止式同步方式。在异步传输中，每个字符作为一个独立的整体进行传送，字符之间的时间间隔是任意的，每传输一个字符都需要使用 2 个或 3 个二进制位，这增加了通信的成本，适用于低速通信。

（二）并行通信

并行通信传输中有多个数据位（一般为 8 位）同时在两个设备之间传输。发送设备将这些数据位通过对应的数据线传送给接收设备，还可附加 1 位数据校验位。接收设备可同时接收这些数据，不需要做任何更换就可直接使用。并行通信方式主要用于近距离通信，最典型的例子是计算机和并行打印机之间的通信。这种方法的优点是传输速率高，处理简单。

三、数据通信中的主要技术指标

数据通信中的主要技术指标如下。

（一）信道带宽

在计算机网络中，带宽用来表示网络的通信线路传送数据的能力，因此网络带宽表示为在单位时间内从网络中的某一点到另一点所能通过的"最高数据率"。信道带宽是描述信道传输能力的技术指标，它的大小是由信道的物理特性决定的。信道能够传送的电磁波的有效频率范围就是该信道的带宽。

（二）数据传输速率

计算机发出的信号都是数字形式的。数据传输速率又称为比特率，是计算机网络中最重要的一个性能指标。速率的单位是比特 / 秒（bit/s 或 b/s），常见的单位有 kb/s、Mb/s、Gb/s 等。数据传输速率的高低由每位数据所占用的时间决定，1 位数据所占用的时间越少，则传输速率越高。

（三）信道容量

信道的传输能力是有一定限制的，信道传输数据的速率上限称为信道容量，一般表示单位时间内最多可传输的二进制数据的位数。

根据香农定理，在有噪声的情况下，数据的极限速率为 $C = W\log_2$

（1 + *S/N*）。其中，*C* 为信道容量，*W* 为信道带宽，*N* 为平均噪声功率，*S* 为平均信号功率，*S/N* 称为信噪比。信噪比通常用分贝表示，分贝数 =10 × lg（*S/N*）。噪声小的系统信噪比高。

（四）波特率

波特率是衡量数据传送速率的指标。在信息传输通道中，携带数据信息的信号单元叫作码元，每秒钟通过信道传输的码元数，称为码元传输速率，简称波特率。波特率是衡量传输通道频宽的指标。

（五）信道延迟

数据从信源沿信道传输到信宿需要一定的时间，即信道延迟。在信道中，信号的传输速率接近光速，所以一般不考虑信道延迟，但对于一个具体的网络来说经常要用到信道延迟，有些网络信道延迟对某些应用（如卫星通信等）影响特别大。

（六）误码率

数据在传输的过程中出错的概率叫误码率（P_e）。公式为 $P_e=N_e/N$。其中，N_e 表示单位时间内接收的错误码元数，*N* 表示单位时间内系统接收的总码元数。误码率越低，通信系统的可靠性越高，通信质量越好。

第三节　网络管理基础知识

随着计算机网络的快速普及，越来越多的企业开始依赖计算机网络进行工作和管理。因此，如何管理计算机网络，使之更加可靠、稳定、安全地为企业服务的问题也就被提了出来。网络管理主要涉及对网络运行情况的监控，对网络性能的配置，等等。

任何一个系统都需要管理，计算机网络系统也不例外。在网络工程建设完成后，接下来就会面临一个长期的网络维护和管理阶段。在本书中，我们将计算机网络的管理简称为"网络管理"。

关于网络管理的定义很多，本书采纳其中的一种对其进行定义："网络管理是管理、监督、控制网络资源的使用和网络的各种活动，使网络性能达到最优的过程。"实际上，网络管理就是通过合适的方法和手段使网络综合性能达到最优的管理办法。

网络管理技术集中了通信技术和计算机网络技术两个方面，是通信技术和计算机网络技术结合最为紧密的部分。它不仅包括了信息的传输、存储和处理技术，而且包括了各种信息服务、仿真模拟、决策支持、专家系统、神经网络及容错技术。这些技术运用于网络管理，形成了比较完整的技术学科。显然，网络管理学科是建立在计算机网络和电信网络知识体系之上的。

一、网络管理的需求和目标

正确而又适合自身的计算机网络管理，不但可以提高计算机网络的可靠性，而且可以提高计算机网络的效率。计算机网络管理的最终目的在于最大限度地增加网络可利用的时间，通过合理组织和调控网络资源，提供安全、可靠的服务，保证网络正常和安全地运行。换句话说，计算机网络管理的目标就是通过对网络资源的合理分配和控制，尽可能满足用户的需求，同时使网络的资源得到最大限度的利用，使整个网络更加稳定、更加经济地运行。

网络管理的需求体现在两个方面。一方面，体现在其网络和分布式处理系统对于商业和人们的日常生活都越来越重要上。计算机网络日益成为个人和企业、事业单位日常活动必不可少的工具。许多公司、国家机关和大学每天都要使用网络开展数据业务，如电子邮件、传真、视频业务（如电视会议）和话音业务，来保证它们的生存和发展。另一方面，计算机的组成越来越复杂，网络互联的规模越来越大，而且联网设备多是异构型设备，处于多制造商、多协议栈的环境中。这种新情况的出现增加了网络管理的难度，靠人工管理网络显得无能为力，所以网络管理成为一项迫切任务。

网络管理的目标总结起来主要包括以下几点：减少停机时间，改进响应时间；提高设备利用率；减少运行费用，提高效率；减少并尽可能消灭网络瓶颈；适应新技术（新设备、新平台），使网络更容易使用；安全。当然，随着网络技术的发展，网络管理也会有新的目标不断产生。

二、网络管理的主要功能

在计算机网络管理的过程中，完整的计算机网络管理系统具备的功能非常广泛，包括了很多方面，其中有些特殊的管理方法还需要在特定的网络环境中才能实现。除特殊功能外，国际标准化组织（ISO）制定的计算机网络管理标准，定义了计算机网络管理的五大基本功能，即故障管理（fault management）、配置管理（configuration management）、计费管理（accounting management）、性能管理（performance management）和安全管理（security management），简称 FCAPS。

（一）故障管理

故障管理的基本功能有以下几点。

（1）性能监控：由用户定义被管对象及其属性。被管对象主要是指线路和路由器，其属性包括流量、延迟、丢包率、中央处理器（CPU）占用率、温度、内存空间。对每个被管对象，计算机定时采集性能数据，自动生成性能报告。

（2）性能分析：对历史数据进行统计、整理和分析，并计算性能指标，对性能状况做出判断，为网络规划提供参考。

（3）阈值控制：可为每一个被管对象的每一条属性设置阈值，对于特定被管对象的特定属性，可以针对不同的时间段和性能指标进行阈值设置。具体方式有设置阈值检查开关、控制阈值检测和告警、提供相应的阈值检测管理和溢出告警机制等。

（4）可视化的性能报告：对数据进行扫描和处理，生成性能趋势曲线，以直观的图形反映性能分析的结果。

（5）实时性能监控：通过采集一系列实时数据和提供可视化分析工具，对流量、负载、丢包率、温度、内存空间、延迟等网络设备和线路的性能指标进行实时检测，并可根据网络状况设置数据采集间隔。

（6）网络对象性能查询：可通过列表或按关键字检索被管网络对象及其属性的性能记录。

（二）配置管理

配置管理的详细功能有以下几点。

（1）自动配置、自动备份及相关技术。配置信息自动获取功能相当于从网络设备中"读"信息和在相应计算机网络管理应用中大量"写"信息。同样，根据设置手段的不同，可对网络配置信息进行分类：一是可以通过计算机网络管理协议标准中定义的方法[如简单网络管理协议（SNMP）中的set 服务]进行设置的配置信息；二是可以通过自动登录的设备进行设置的配置信息；三是需要修改的管理性配置信息。

（2）配置一致性检查。在一个大型网络中，网络设备众多，而由于管理不完善，这些设备很可能不是由同一个管理人员进行管理和配置的。实际上，即使是由同一个管理人员对设备进行配置，也会因各种原因导致配置不一致。因此，对整个网络的配置情况进行一致性检查是必需的。在网络的配置中，对网络正常运行影响最大的是路由器端口配置和路由信息配置，因此要进行一致性检查的也主要是这两类信息。

（3）用户操作记录功能。配置系统的安全性是整个计算机网络管理系统安全的核心，因此必须对用户的每一项配置操作进行记录。在配置管理中，需要将用户的网络访问记录并保存下来。管理人员可以随时查看特定用户在特定时间内进行的特定配置操作。

（三）计费管理

计费管理是对网络互联设备按互联网协议（IP）地址的双向流量进行统计，生成多种信息统计报告及流量对比数据，并提供网络计费工具，以便计算机网络管理人员根据自定义的要求实施网络计费。计费管理主要通过以下几种方式实现。

（1）计费数据采集：这是整个计费系统的基础，但往往受到采集设备硬件与软件的制约，而且也与进行计费的网络资源分配有关。

（2）数据管理与数据维护：计费管理人工交互性很强，虽然有很多数据维护由系统自动完成，但仍然需要人为管理，包括交纳费用的输入、联网单位信息的维护及账单样式的选择等。

（3）计费政策制定：因为计费政策经常变化，实现用户自由制定计费政策尤其重要，所以需要一个友好的制定计费政策的人机界面和完善的实现计费政策的数据模型。

（4）政策比较与决策支持：计费管理应该提供多套计费政策的数据比较，为政策制定提供决策依据。

（5）数据分析与费用计算：利用采集的网络资源使用数据、联网用户的详细信息及计费政策，计算网络用户资源的使用情况，并计算出应交纳的费用。

（6）数据查询：提供给每个网络用户关于自身使用网络资源情况的详细信息，网络用户根据这些信息可以计算、核对自己的收费情况。

（四）性能管理

（1）故障监测：主动探测或被动接收网络上的各种事件信息，并识别出其中与网络和系统故障相关的内容，对其中的关键部分保持跟踪，生成网络故障事件记录。

（2）故障告警：接收故障监测模块传来的告警信息后，根据告警策略驱动不同的告警程序，通过本地告警窗口通知当前计算机网络管理人员，或采用电子邮件的方式通知远程决策管理人员，同时发出网络故障警报。

（3）故障信息管理：依靠对事件记录的分析，定义网络故障并生成故障日志，记录排除故障的步骤和与故障相关的值班员日志，构造排错行动记录，将事件—故障—日志综合构成逻辑上相互关联的整体，以反映故障产生、变化、解除的整个过程的各个方面。

（4）排错支持工具：向管理人员提供一系列的实时检测工具，对被管设备的状况进行测试，并记录测试结果，以供技术人员分析和排错。根据已有的排错经验和管理人员对故障状态的描述给出对排错行动的提示。

（5）检索、分析故障信息：浏览并以关键字检索、查询故障管理系统中所有的数据记录，定期收集故障记录数据，在此基础上给出被管网络系统、被管线路设备的可靠性参数。

（五）安全管理

安全管理主要有两层含义：一是安全管理系统必须保证网络用户和网络资源不会被非法访问和入侵；二是要确保网络安全系统本身不会被非法修改或删除。安全管理系统需要结合用户认证，访问控制，数据传输、存储的保密与完整性校验机制，以保障计算机网络管理系统本身的安全，同时生成系统日志，使系统的使用和网络对象的修改有据可查，控制对网络资源的访问。

安全管理的功能分为两部分，即计算机网络管理系统本身的安全和被管理网络对象的安全。在计算机网络管理过程中，存储、传输的管理和信息控制，对网络的运行和控制至关重要，一旦信息被泄漏、被非法篡改或者伪造，将给网络造成灾难性的破坏。网络安全管理系统应该包括授权机制、访问机制、加密和密钥管理机制，此外还需要有维护和检查安全日志及安全告警等功能。

管理系统本身的安全由以下机制来保证：一是管理员身份认证。采用基于公开密钥加密系统的证书认证机制。为提高系统效率，对可信的域内（如局域网）用户可以使用简单的口令认证。二是管理信息存储和传输的加密与完整性。万维网（WWW）浏览器和计算机网络管理服务器之间采用安全套接字层（SSL）传输协议，将管理信息加密传输并保证其完整性。内部存储的机密信息，如登录口令等，也是经过加密的。三是计算机网络管理、用户分组管理与访问控制。计算机网络管理系统的用户（计算机网络管理员）按任务的不同分为若干用户组，不同的用户组有不同的权限范围，对用户的操作进行访问控制检查，保证用户不能越权使用计算机网络管理系统。四是系统日志分析。记录用户所有的操作，使对系统的操作和对网络对象的修改有据可查，同时也有助于故障的跟踪与恢复。

网络对象的安全管理有以下功能：一是网络资源的访问控制。通过管理路由器的访问控制列表，完成防火墙的管理功能，即在网络层和传输层控制对网络资源的访问，保护网络内部的设备和应用服务，防止外来的攻击。二是告警事件分析。接收网络对象发出的告警事件，分析与安全相关的信息（如路由器登录信息、SNMP 认证失败信息），及时向管理员告警，并提供历史安全日志的检索与分析功能，实时监控本地运行状况，以发现正在进行的攻击或可疑的攻击迹象。三是主机系统的安全漏洞检测。实时监测主机系统的重要服务 [如域名系统（DNS）等] 的状态，提供安全监测工具，以搜索系统可能存在的安全漏洞或安全隐患，并给出弥补的措施。四是计算机网络管理。通过网关（或边界路由器）控制外来用户对网络资源的访问，以防止外来的攻击；通过告警事件的分析处理，以发现正在进行的或可能发生的攻击。五是通过安全漏洞检测发现存在的安全隐患，防患于未然。

三、网络管理的体系结构与配置

（一）网络管理的体系结构

计算机网络管理的层次结构如下：最下层是操作系统和硬件，操作系统可以是一般的主机操作系统，也可以是专门的网络操作系统；操作系统之上是支持网络管理的协议族，以及专用于网络管理的 SNMP、通用管理信息协议（CMIP）等；协议族上面是网络管理框架，这是各种网络管理应用工作的基础结构。

各种网络管理框架的共同特点有以下几点：

（1）管理功能分为管理站和代理两部分。

（2）为存储、管理信息提供数据库支持，如关系数据库或面向对象的数据库。

（3）提供用户接口和用户视图功能，如管理信息浏览器。

（4）提供基本的管理操作，如获取管理信息、配置设备参数等操作过程。

管理资源可能与管理站处于不同的系统中，有关资源的管理信息由代理进程控制，代理进程通过网络管理协议与管理站对话。网络资源也可能受分布式操作系统的控制。

（二）网络管理的配置

网络管理的配置包括四个节点：网络管理站、服务器（代理）、工作站（代理）、网络设备。代理的每个节点都包含一组与管理有关的软件，称为网络管理实体（network management entity, NME）。NME 的功能包括收集有关通信和网络活动方面的统计信息，对本地设备进行测试并记录其状态信息，在本地存储有关信息，响应网络控制中心的请求传送统计信息或设备状态信息，根据网络控制中心的指令设置或改变设备参数，等等。

网络中至少有一个节点（主机或路由器）担当管理站的角色。除了网络管理实体，管理站中还有另一组软件，专门为网络管理应用提供用户接口，根据使用的命令显示管理信息，通过网络向 NME 发出请求或指令，以便获取有关设备的管理信息，或者改变设备配置。

网络中的其他节点在 NME 的控制下与管理站通信，交换管理信息。这些节点中的模块叫作代理模块，网络中任何被管理的设备（主机、网桥、路由器或集线器等）都必须实现代理模块。

所有代理在管理站的监督和控制下协同工作，实现集成的网络管理，称为集中式网络管理。集中式网络管理可以有效地控制整个网络资源，平衡网络负载，优化网络性能。集中式网络管理适用于小型网络。对于大型网络来说，分布式网络管理系统代替了单独的网络控制主机。管理客户机与一组网络管理服务器交互作用，共同完成网络功能，称为分布式网络管理。这种管理策略可以实现分部门管理，由一个中心管理站实施全局管理。分布式网络管理因灵活性和可伸缩性带来的好处而日益为网络管理工作者所青睐，因而这方面的研究和开发是目前网络管理中最活跃的领域。

分布式网络管理系统要求每个被管理的设备都运行代理程序，并且所有管理站和代理都支持相同的管理协议。而有些非标准设备，由于不支持当前的网络管理标准，无法实现网络管理实体的全部功能。这时就需要使用一种叫作委托代理的设备，来管理一个或多个非标准设备。委托代理和非标准设备之间运行制造商专用的协议，而委托代理和管理站之间运行标准的网络管理协议，这样管理站就能够用标准的方式通过委托代理得到非标准设备的信息。委托代理在这里起到了协议转换的作用。

第二章　电子通信系统基础知识

第一节　电子通信系统的发展历史

一、电子通信系统相关概念

在现代社会中，电子通信系统种类繁多，虽然具体设备和实现的业务功能可能不尽相同，但是经过抽象和概括可以得出电子通信系统的通用模型。通信的终极目标就是传递各类有效信息，如电话语音、计算机文本、音乐、图像和数据等。所以，通常把利用电信号传递信息的系统称为电子通信系统，而完成这个系统功能的电路就是通信电子电路。电子通信系统又指实现通信过程的全部技术设备和信道的总和，可以用基本模型框图描述。无论是复杂的移动通信和卫星通信系统，还是简单的无线电广播系统，都可用这个模型来表述，只是具体的形式和技术有所不同而已。

（一）信源

信源的作用是将消息转换成随时间变化的原始电信号，原始电信号通常又称为基带信号。常用的信源有电话的话筒、摄像机、传真机和计算机等。

（二）发送设备

发送设备的基本功能是将信源和信道匹配起来，即将信源产生的原始电信号变换为适合在信道中传输的信号形式。发送设备一般由调制器、滤波器和放大器等单元组成。在数字通信系统中，发送设备还包含加密器和编码器等。

（三）信道

信道又称传输媒介。电子通信系统的信道就是信号从发送设备传输到接收设备时通过的整个传输通道。信道通常分为有线信道（媒介）和无线信道。有线信道可以是电线、电缆、光缆等，无线信道可以是自由空间、水、大地等。

（四）噪声源

噪声源是信道中的所有噪声，以及分散在通信系统中其他各处噪声的集合。噪声主要来源于热噪声、外部的干扰（如雷电干扰、宇宙辐射干扰、邻近通信系统的干扰等），以及因信道特性不理想使得信号失真而产生的干扰。为了方便分析，我们通常将各种噪声抽象为一个噪声源并集中在信道上。

（五）接收设备

接收设备的基本功能是完成发送设备的反变换，如解调、解密、译码等。接收设备的主要任务是从接收到的带有干扰的信号中正确恢复出相应的原始电信号。

（六）受信者

受信者又称信宿，其作用是将接收设备恢复出的原始电信号转换成相应的消息。通信系统的一般模型反映了通信系统的共性。根据所要研究的对象及所关心的问题的不同，应使用不同形式的较具体的通信系统模型。

（七）电子通信技术

电子通信技术在当前社会中已被广泛应用，特别是以手机通信为代表的现代无线通信系统的发展尤为迅速。4G 技术已经普及，5G 技术逐渐被更多地区应用，还有卫星通信、微波通信（microwave communication）、射频识别（RFID）技术、红外遥控技术和蓝牙技术等在我们的生活中无处不在。尽管现代电子通信技术进步非常快，但无线电子通信系统的实现主要依靠以下两项核心技术，也是本书重点介绍的两项无线电通信技术，即调制技术与解调技术。

1. 调制技术

调制技术是电子通信系统发送设备的核心技术，能对表示声音、文字、图像等信源信息的电信号进行调制处理，使其适合远距离的有线或无线传输信道。

2. 解调技术

解调技术是电子通信系统接收设备的核心技术，能将传输到接收端的无线电信号（包含声音、文字、图像等）还原为信源信号。它与调制技术是一对互逆的核心技术。

二、电子通信系统的分类

电子通信系统依据信道、信道中信号的形式和信源的不同大致分为以下几类。

（一）有线电子通信系统和无线电子通信系统

按照信道或传输媒介的不同，电子通信系统可以分为有线电子通信系统和无线电子通信系统两大类。有线电子通信系统通常是指利用光纤和电缆（包括双绞线和同轴电缆）来传输电信号的电子通信系统，如固定电话、有线电视（CATV）和有线宽带通信系统等，这也是传统的通信载体。

随着近几年无线通信技术的进步和迅猛发展，无线通信技术设备越来越受到人们的青睐，如手机、RFID产品、蓝牙、无线保真（Wi-Fi）、红外遥控等。

1. 有线电子通信系统

有线电子通信系统的线路主要包括明线、对称电缆、同轴电缆、光缆等。随着我国通信技术的不断进步，无线通信技术在通信终端的应用让用户感受到前所未有的便利。但无线信号接入设备后一般采用有线传输。目前我国长途通信传输干线基本采用以光传输技术为基础的光缆。

明线是指平行而相互绝缘，架在电线杆上的裸线线路，与当前常用的塑胶电缆相比，具有传输损耗低的优点。但其容易受气候和天气的影响，并且对外界噪声干扰非常敏感，所以有逐渐被地下电缆或光缆取代的趋势。目前，各大运营商在新建的住宅小区中都采用光纤入户的方式，以保证用户能以足够高的通信速率连接互联网。

2. 无线电子通信系统

无线电子通信系统主要是利用自由空间或其他自然界的传输介质来进行通信的系统，目前利用自由空间的电子通信系统已逐渐成为人们通信的主流，主要有无线电广播系统、微波中继通信系统、陆地移动通信系统、卫星通信系统等，也有借助水来传输信号的无线通信系统，如潜艇的声呐系统。

尽管无线电子通信系统包括很多种类，但其通信的基本原理和方法仍是调制技术与解调技术。

（二）模拟电子通信系统和数字电子通信系统

通信系统为了实现消息的传递，先要将消息转换为相应的电信号（以下简称"信号"）。通常这些信号是以它的某个参量（如振幅、频率、相位等）的变化来表示消息的。按照信号参量取值方式的不同，我们可将信号分为模拟信号和数字信号。

消息是被载荷在信号的某一参量上的，即该参量携带着消息。如果该参量的取值是连续的或无穷多个的，则该信号称为模拟信号；如果该参量的取值是离散的，则该信号称为数字信号。可见区别数字信号与模拟信号的标准，是看其携带消息参量的取值是连续的还是离散的，而不是看时间。数字信号的波形在时间上可以是连续的，而模拟信号的波形在时间上可以是离散的。

根据通信系统所传输的是模拟信号还是数字信号，可以相应地把通信系统分成模拟通信系统和数字通信系统。下面分别对这两种系统加以介绍。

1. 模拟通信系统

若通信系统传输的信号是模拟信号，则称该系统为模拟通信系统。在发送端，信源将消息转换成模拟基带信号（原始电信号）。基带信号通常具有很低的频谱分量，如语音信号为 300 ～ 3 400 Hz，图像信号为 0 ～ 6 MHz，一般不宜直接传输，因此常常需要对基带信号进行转换，由调制器将基带信号转换为适合信道传输的已调信号。已调信号常称为频带信号，其频谱具有带通形式且中心频率远离零频，适合在信道中传输。在接收端，解调器对接收到的频带信号进行解调，恢复成基带信号，再由受信者将其转换成消息。

需要注意的是，在实际的通信系统中，信号的发送和接收还应包括滤波、放大、天线辐射、控制等过程，这些都简化到了调制器和解调器装置中。

2. 数字通信系统

若通信系统传输的信号是数字信号，则称该系统为数字通信系统。与模拟通信系统相比较，数字通信系统不仅包括调制、解调过程，还包括信源编（译）码、加（解）密、信道编（译）码等过程。

在数字通信系统中，信源输出的可以是模拟基带信号，也可以是数字基带信号，所以信源编码有两个主要任务：一是若信源输出的是模拟基带信号，则信源编码将包括模 / 数转换功能，即把模拟基带信号转换为数字基带信号；二是压缩编码，减小数字基带信号的冗余度，提高传输速率。而信源译码则是信源编码的逆过程，即解压缩和数 / 模转换。

某些数字通信系统可以根据需要对所传输的信号进行加密编码。通常采用的方法是在发送端由加密器将数字信号序列人为地按照一定规律进行扰乱，在接收端再由解密器按照约定的扰乱规律进行解码，恢复出原来的数字信号序列。

信道编码的任务是提高信号传输的可靠性。其主要做法是在数字信号序列中按一定的规则附加一些监督码元，使接收端能根据相应的规则进行检错和纠错。信道译码是信道编码的逆过程，其功能是对所接收的信号进行检错和纠错后，去掉之前附加上的监督码元，恢复成原来的数字信号序列。

同步是数字通信系统不可缺少的组成部分。数字通信系统是一个接一个按节拍传输数字信号单元（码元）的，因此发送端和接收端之间需要有共同的时间标准，以便接收端准确地知道接收的每个数字信号单元（码元）的起止时间，从而按照与发送端相同的节拍接收信号。若系统没有同步或失去同步，则接收端将无法正确辨识接收的信号中所包含的消息。

（三）语音通信系统和数据通信系统

不考虑信号的类型，仅按终端完成的业务进行分类，可将电子通信系统分为语音通信系统和数据通信系统。顾名思义，语音通信系统就是完成语音通信功能的系统，而数据通信系统则是以传输文字、图像所转换的数据信号为主的系统。从对电子通信系统传输信号的准确性要求来看，数据通信系统要比语音通信系统严格得多。

语音通信业务曾经是电子通信系统的主要业务，至今仍然有着非常广泛的应用，如固定电话业务、移动电话业务、集群电话业务及无线电广播系统。尽管数据通信业务方兴未艾，但语音通信业务始终都是电子通信系统的主要业务之一。

数据通信业务是在计算机技术发展起来之后得到快速发展的电信业务。基于互联网的数据通信业务方兴未艾，如大家正在广泛使用的支付宝支付、微信支付等都属于电子通信系统的数据业务。数据通信在实际生活中的具体应用还有非常大的发展空间。

第二节　各类电子通信系统的应用

伴随着信息需求的多元化与个性化，电子通信系统的种类也随之增多，但无论哪种电子通信系统都是信息技术在社会生活中的具体应用。信息需求的种类和数量都在不断增加。各种电子通信系统在技术上共同发展，在作用上相辅相成，一起为人们提供全面、快捷和准确的信息服务。

一、有线电子通信系统的应用

目前，尽管对用户终端的无线接入技术的研究方兴未艾，但有线电子通信系统一直在电子通信系统的传输方面发挥着主要作用，整个电子通信系统的干线传输网络都以有线传输方式为主。下面对其只做简单介绍，以便大家对电子通信系统理论形成一个总体的概念。

（一）公用电话交换网

目前，为公众提供固定电话通信系统的网络称为公用电话交换网（PSTN）。硬件部分主要由终端设备、传输设备和交换设备组成，另外还要配合交换软件、信令系统及相应的协议和标准。这样才能使用户和用户之间通过传输和交换设备做到互联互通，实现信源用户到信宿用户的语音通信。

电话系统是点到点的通信系统，是从一个用户到另一个用户的通信系统；而无线电广播系统是单点发送多点接收的系统，本书中提到的通信都是这种形式。

（二）综合业务数字网

综合业务数字网（ISDN）是一个数字电话网络国际标准，是一种典型的电路交换网络系统。在国际电信联盟（ITU）的建议中，ISDN是一种在数字电话网的基础上发展起来的通信网络，它能够支持多种业务，包括电话业务和非电话业务。

1. 窄带综合业务数字网

窄带综合业务数字网以电话网为基础发展而成，主要由2个64 kb/s速率和1个16 kb/s速率的数字通信信道构成。它以电路交换和分组交换两种模式提供话音和数据业务。因为只是在用户和网络接口上实现了综合，同时又受到带宽的限制，所以仅支持话音业务及低速数据业务，具有一定的实用价值。

2. 宽带综合业务数字网

宽带综合业务数字网是当前人们家中常用的登录互联网的宽带技术，为用户提供了更高的数据传输速率，能够适应全部现有的和将来可能出现的信息传输业务，对超高速、大容量数据传输都以统一的方式在网络中传送和交换，共享网络资源。

我国目前正大力倡导三网融合，即将电信网、互联网和广播电视网合并，使三者互联互通、资源共享。这个最终合一的网必须借助具有足够带宽的网络才能实现，所以宽带综合业务数字网是今后电子通信系统发展的重点。

3. 基于 IP 的通信系统

基于 IP 的通信系统广义的定义是指将地理位置不同的，具有独立功能的多台计算机及其外部设备，通过通信线路连接起来，在网络操作系统、网络管理软件及网络通信协议的管理和协调下，实现资源共享和信息传递的计算机通信系统。

基于 IP 的通信系统主要是指目前广泛使用的计算机网络系统。它的硬件主要由集线器、网桥、中继器、路由器和交换机等组成。该系统将分散的具有独立功能的多台计算机互相连接在一起，按照一定网络协议进行数据通信。

4. 有线广播电视系统

电视技术经历了从无线到有线和从模拟到数字的发展历程，即由电视塔发射无线电视信号发展到模拟有线电视，最后发展到今天的数字有线电视系统。目前的有线电视网兼具上网的功能，这也是为三网融合所做的准备。

有线广播电视系统是一个向公众提供定时的声像节目，并以一点到多点的方式传送业务（服务）的通信网络。传统的广播电视网采用树状结构，并且传送过程无交换，技术上不利于双向（交互式）业务的发展。

有线电视系统已从最初使用单一的同轴电缆，演变为混合使用光纤与同轴电缆的混合光纤同轴电缆（HFC）网络，这为发展宽带交互式业务或电信业务打下了良好的基础。CATV 是广播电视网的重要组成部分，也是广播电视网与整个信息网相融合的重要途径。对于高质量和较多频道的传统模拟广播电视节目，还可以逐步开展交互式数字视频应用，目前很多地区的有线电视网已经开通了互联网业务。

宽带业务的迅猛发展给通信技术带来了新的挑战和机遇，运营公司利用 HFC 网可以提供除 CATV 业务外的话音、数据和其他交互型业务，因而 HFC 网也称为全业务网。

二、无线电子通信系统的应用

无线电子通信系统应用的种类繁多，如现在的蓝牙技术、Wi-Fi技术、无线传感网等短距离的无线通信技术。因为它们的传输技术机理与下面三种应用的传输技术机理基本一致，故只介绍后者。因为微波中继通信与卫星中继通信机理相同，故这里只介绍卫星通信系统。

（一）移动通信系统

移动通信是指通信双方至少有一方在运动状态中进行信息交换。它包括移动用户之间的通信、固定用户与移动用户间的通信等。现代移动通信技术是一门复杂的高新技术，不但集中了无线通信、有线通信的最新技术成就，而且集中了网络技术和计算机技术的许多成果。

无线局域网（WLAN）、码分多路访问（CDMA）、正交频分复用（OFDM）、超宽带、空时处理技术及Ad-Hoc网络等技术的出现，影响并推动了移动通信的发展。

WLAN能在非授权频段上为建筑物内的本地网提供业务。低成本WLAN设备利用建筑物内和校园内的以太网（Ethernet）设施，可以提供无线接入因特网（Internet）和保证话音业务质量的无线业务。

CDMA因其良好的抗干扰能力、低截获率和抗多径能力，在军事通信和商业领域均得到广泛应用。CDMA允许多个用户以相互有别的码共享同一频谱，在基带接收端分离所需信息。CDMA的优点还包括同信道用户干扰呈现加性高斯白噪声形式，允许周围的发射机使用相同载频来提高频谱利用率，应用话音激活和频率再用，可以有效地进行多用户统计复用和软切换，提供大规模分集增益，等等。因此，CDMA被普遍认为是下一代移动通信系统多址接入的基本方案。

应用于无线分布系统的OFDM在相对窄的频带内可以提高频谱利用率，提供多址接入和信号处理增益。扩频通信可认为是单载频传输，而OFDM是多载频传输的特殊形式。OFDM把高速串行数据流并行分配到多路低速子载频上。目前，OFDM已成为高速宽带无线通信的必选方案。

在多径衰落信道中，利用从时域、频域、空域和极化域获得的信号复制品进行分集是解决多径衰落的有效技术。空时分组码在时间上扩展以提供时间分集，而收发信机采用多天线提供空间分集，由分集增益和编码增益共同改进频谱利用率。

移动通信网络除了以低成本达到高数据率，还要求在无专用通信基础设施的情况下，具有适应和生存能力。Ad-Hoc 网络就能满足这样的要求，它是一种无中心、自组织的网络结构，具有自重构能力。Ad-Hoc 网络因其灵活性将在未来网络中扮演重要角色，使用户和路由器能在网络中随机移动。该网络正成为无线通信的重要研究领域。

目前的蜂窝通信系统依靠集中控制和管理，而以后移动通信系统将朝着固定网络与移动网络相结合、无隙缝和全方位通信、Ad-Hoc 模式方向发展。但是，Ad-Hoc 网络没有事先确定基础设施及其网络链路的时间特性，这给分组无线网络设计和实施带来了挑战，并且需要解决诸如多跳路由、分布式网络优化等问题。

随着无线网络的发展，开放系统互连参考模型在网络设计时对网络特性的要求也发生了变化，如时延、吞吐量、支持各种服务质量（QoS）的多媒体业务动态流量、差错率、频谱带宽、节点连续不断进出网络引起的网络拓扑变化等。这些都对网络设计提出了新的要求。

网络设计还应考虑网络跨层间的相互作用。传统的网络设计也包含一些自适应能力，如利用自适应信号处理、调整信道参数，更新路由表，改变流量负载，等等。但是这些调整和更新都是孤立的。而跨层自适应允许网络同时在跨层和自适应之间进行信息交换，满足网络负载、信道环境和 QoS 可变的要求。

无线移动通信技术几乎每十年就完成一代技术更新。但所有的无线通信技术都是以调制技术和解调技术为基础的，所以本书的内容是学习一切无线通信技术的理论基础。

（二）卫星通信系统

卫星通信系统是指利用通信卫星作为中继站，将地球上某个地面站发送的信号转发到其他地面站，从而实现两个或多个地域之间通信的系统。卫星通信系统由通信卫星、地面站和通信链路组成。通信卫星可分为静止通信卫星（同步通信卫星）和移动通信卫星。

同步通信卫星是轨道在赤道平面上的卫星，离地面的高度为 35 780 km，采用 3 个相差 120° 的同步通信卫星就可以覆盖地球上的绝大部分地域。

最适合卫星通信的频段是 1 ～ 10 GHz 频段，即微波波段。为了满足越来越多的用户的需求，目前已开始研究应用新的频段，如 12 GHz、14 GHz、20 GHz 及 30 GHz 频段。卫星通信的特点是通信距离远、覆盖范围广、不受地理条件限制、通信容量大、可靠性高。自 1957 年第一颗人造卫星发射成功以来，卫星通信已成为真正提供全球服务的通信手段。

宽带卫星通信也称多媒体卫星通信，是指通过卫星进行语音、数据、图像和视频的处理和传送。宽带卫星通信业务基本使用 Ku 波段（12 ～ 18 GHz），但 Ku 波段已经非常拥挤，因此目前正在向 Ka 波段（26.5 ～ 40.0 GHz）发展，通过同步轨道卫星、非静止轨道卫星或两者的混合卫星群系统提供多媒体交互式业务和广播业务。

要利用 Ka 波段，我们必须解决下列技术问题：克服降雨对信号的衰减；研制复杂的 Ka 波段星上处理器；保证高速传输的数据没有明显的时延；保持星座中有关卫星之间的有效通信；通过星上交换进行数据包的路由选择。

将激光技术应用于卫星通信也是一个发展趋势。目前，卫星通信的载波是微波，数据传输速率很难达到 50 Mb/s 以上，主要原因是通信卫星无法容纳体积很大的天线。当要求卫星通信的数据传输速率达到每秒数百、数千兆比特时，我们可以采用激光通信的方式。因为激光通信在外层空间进行，不受大气层的影响。

卫星激光通信的信息传输过程如下：首先，由低轨道卫星将信息传输给数据中转卫星，或将数据传给地面站；其次，根据低轨道卫星的位置，经第二套激光通信线路传输给另一个数据中转卫星；最后，将数据传输给地面站。这个中转卫星如果是同步轨道卫星，则可利用两颗同步轨道卫星实现东西半球之间的通信。

（三）无线电广播系统

1. 无线电广播系统概念

无线电广播系统也是最初的无线通信系统。从通信技术方面来说，它只不过是一种单工通信方式，即电信号只沿着广播电台的天线向听众传播。随着电子通信系统的快速发展，无线电广播这种形式越来越不受人们的重视，但它的通信技术原理一直是学习和理解远距离无线通信技术的理论基础，无线电广播系统也是现代无线通信系统的先驱。

从广播电台播音员把声音送入话筒的那一刻起，语音信号就成为音频电信号，然后利用电子通信设备对语音电信号进行处理，使其适合在自由空间做长距离传输，最终在接收端还原为电台播音员的声音。实现这一功能的主要技术就是调制技术和解调技术。

无论是有线电子通信系统还是无线电子通信系统，调制技术和解调技术都是电子通信系统中核心的传输技术。

2. 无线电广播数字化

随着数字压缩编码技术和数字信道编码调制技术在广播领域的应用，无线电广播正经历着从模拟体制向数字体制的深刻变革。声音广播数字化在 20 世纪 70 年代就已经开始。进入 21 世纪以来，在无线电通信行业，特别是数据分发和传输发射领域，采用数字技术成为一种全球趋势。对于本地广播或是国际广播播出机构，数字化技术具有很多无可比拟的优势。

对比现行的传统模拟无线电广播系统，数字无线电广播系统具有很多突出优点。在调幅（AM）和调频（FM）广播频段实现数字化，能够使播出机构大幅提高现有广播服务质量，同时能够推出更多面向未来的新广播服务。

播出机构引入数字调幅广播（DRM）系统，能够显著改进声音广播服务的可靠度、声音质量和听众体验。DRM 标准提供了很多模拟广播无法实现的特性和功能。播出机构应该深入了解 DRM 系统的潜在功能和技术灵活性，以便根据特定的市场条件和应用需求配置和优化数字无线电广播网络。

从技术角度看，DRM 系统的一个革命性的关键特点是能够进行传输方式的选择，这使得广播机构在发射过程中可以有针对性地调整和平衡音频编码质量、误码控制（信号健壮性）、发射功率和覆盖范围等技术指标。更重要的是，这种调整可以根据传输条件和接收环境的变化动态进行，而不会对受众产生影响。

此外，DRM 系统是目前唯一涵盖当前所有模拟无线电广播频段，并遵循相应频谱规则的数字无线电广播系统。因此，DRM 系统能够完美取代现有的模拟无线电广播系统，同时也可作为其他数字无线电服务的补充，如数字音频广播（DAB）。

从市场角度看，现有模拟无线电广播的受众消费"数字服务"的动力并不充足，因此提供具有吸引力的数字无线电广播服务显得尤为重要。数字无线电广播主要具有以下优势：更为广泛多样的服务形式和范围；更为易用的频率调谐和节目选择方式，如通过电子节目指南的切换实现不同传输频率的自动切换；音频格式的改进，如调幅频段的立体声和车载应用中的环绕声；更高的声音质量；数据服务，如节目相关数据、文本内容描述；独立数据服务，如实时交通信息等。

第三章 数字微波通信技术理论与应用

第一节 数字微波通信相关概念与基础知识

一、数字微波通信的概念

微波通信是指使用微波作为载波，携带信息，进行中继通信的方式。它具有传输容量大、长途传输质量稳定、投资少、建设周期短和维护方便等特点，因此得到了广泛的应用。而建立在微波通信和数字通信基础上的数字微波通信，同时具有数字通信和微波通信的优点，更是受到各国的普遍重视。因此，数字微波通信、光纤通信和卫星通信被称为现代通信传输的三大主要手段。

依据所发送的基带信号，可将微波通信分为两个阶段：用于传输频分多路-调频制（FDM-FM）基带信号的系统叫作模拟微波通信系统；用于传输数字基带信号的系统叫作数字微波通信系统。后者又进一步分为准同步数字系列（PDH）微波通信系统和同步数字系列（SDH）微波通信系统两种体制。SDH微波通信系统是今后发展的主要方向。

无论是模拟微波通信系统还是数字微波通信系统，其微波通信系统最基本的特点可以概括为六个字：微波、多路、接力。

"微波"是指射频为微波频率。特点是微波工作频段宽，频段频率为300 MHz ~ 300 GHz，波长为1 mm ~ 1 m，它包括了分米波、厘米波和毫米波三个波段。这个频段的宽度几乎是长波、中波、短波及特高频等各个频段总和的1 000倍，所以它可容纳较其他频段多得多的话路，而且不致互相干扰。

由于微波频率高、波长短，微波通信一般使用面天线。当面天线的接口面积给定后，增益与波长的平方成反比，故微波通信很容易制成高增益天线。

当波长比周围物体的尺寸小得多时，电磁波近似于光波特性，可以利用微波天线把电磁波聚集成很窄的波束，得到方向性很强的天线。

此外，在微波波段，天电干扰、工业干扰及太阳黑子的变化基本上不起作用，而这些干扰对短波通信的影响却十分严重，所以微波通信的可靠性和稳定性很高。

"多路"是指微波通信的通信容量大，即微波通信设备的通信频带可以做得很宽。

"接力"是目前广泛应用于视距微波的通信方式。由于地球是圆的，加之受地面上的地貌（如山川）的限制，地球上两点（两个微波站）间不被阻挡的距离有限。为了实现可靠通信，我们就要在一条长的微波通信线路中间设若干个中继站，采用接力的方式传输发送端的信息。

二、数字信号微波传输的特点与分类

（一）微波的传播特性

微波除了具有电磁波的一般特性，还具有一些自身的特性，主要有以下几个方面。

1. 视距传播特性

微波的特点和光有些相似。因为微波的波长较短，和周围的物体相比要小得多，即具有直线传播和在物体上产生显著反射的特性，所以微波波束在自由空间中是沿直线传播的，称作视距传播。

2. 极化特性

无线电波由随时间变化的电场和磁场组成，电场和磁场相互依存、相互转化，形成统一的时变电磁场体系。时变电磁场以波动的形式在空间中存在和运动，因此称为电磁波或无线电波。

无线电波具有一定的极化特性。极化的定义：迎着电磁波的传播方向，观察瞬间电场矢量端点所描绘的轨迹曲线。极化有三种不同的形式。

（1）线极化：电场矢量的端点随时间的变化轨迹保持在一条直线上。

若这条直线与地面平行，则称为水平极化；若这条直线与地面垂直，称为垂直极化。水平极化和垂直极化是彼此相互正交的两个函数。

（2）圆极化：电场矢量的端点随时间（t）的变化而变化，轨迹为一个圆。

左旋圆极化：电场矢量的旋转变化方向为顺时针。

右旋圆极化：电场矢量的旋转变化方向为逆时针。

左旋圆极化和右旋圆极化是两个彼此正交的函数。

（3）椭圆极化：极化波的一般形式。线极化和圆极化都可以看作椭圆极化的特殊形式。

由数学分析可知，当两个函数正交时，两个函数的相关系数为零。因此，微波通信常采用不同的极化方式来扩充系统容量或消除同频信号间的干扰。

（二）数字微波通信的特点

1. 抗干扰能力强，线路噪声不积累

数字微波通信相对于模拟通信具有抗干扰能力强、线路噪声不积累的优点。数字信号的再生使数字微波通信的线路噪声不断逐步积累。但是，一旦干扰对数字信号造成了误码，则在以后的传输过程中被纠正过来的可能性很小，因此误码是逐步积累的。

2. 保密性强

数字微波通信的保密性强主要表现在两个方面：一方面，数字信号易于加密，除了设备中已采用的扰码电路，还可以根据要求接入相应的加密电路；另一方面，微波通信使用的天线方向性好，因此偏离微波射线方向是接收不到微波信号的。

3. 便于组成数字通信网

数字微波通信系统传输的是数字信息，便于与各种数字通信网相连，并且可以用计算机控制各种信息的交换。

4. 通信设备体积小、功耗低

数字微波通信设备的体积小、功耗低，主要表现在两个方面：一是因为

传输的是数字信号，所以设备大量采用集成电路，设备的体积变小，电源的损耗降低；二是数字信号的抗干扰能力强，这样就可降低微波设备的发射功率，从而使设备的体积变小，功耗下降。

5. 占用频带宽

数字微波通信相对于模拟通信也有缺点。一路模拟电话通常占用 4 kHz 带宽，而一路数字电话在理想情况下至少需要 32 kHz 的传输带宽。因此，在同等传输带宽情况下，数字微波的传输容量要小于模拟微波。目前，随着新调制技术的发展及频带压缩技术的应用，数字微波的这一不足正日益得到改善。

（三）微波通信的分类

微波通信分为四类：地面微波接力通信系统、一点对多点微波通信、微波卫星通信和微波散射通信。

1. 地面微波接力通信系统

由微波的传播特性可知，微波波束在自由空间中是沿直线传播的，但地球是一个两极稍扁、赤道略鼓的球体，地球表面是个椭球面，若两地距离大于视距（60 km），就收不到对方发来的微波信号了。另外，微波在空间传播的过程中，能量不断损耗，相位亦发生变化。因此，对于微波通信，为了获得比较稳定的传输特性，点到点的传输距离不宜太远。为了实现地面上的远距离通信，我们需要每隔 50 km 左右设置一个微波中继站。微波中继站把前一站传来的信号经处理后转发到下一站，直到终端站，构成一条中继通信线路。

地面微波接力通信系统的微波天线一般安装在铁塔上，铁塔高度应保证相邻两站的天线满足视距传播要求。在山区架设天线时，我们可适当利用地理条件，进行超视距中继通信，如可利用山头周围的绕射障碍，获得绕射增益。但是距离以 100 ～ 150 km 为宜，否则会由于信噪比过小而影响传输质量。

2. 一点对多点微波通信

一点对多点微波通信系统是一种分布式的无线电系统，它是在空间中从一点到多点传输信息的。这种系统是由中心站（基地台）和次级站（用户）组成的通信网络。基地台应构成360°全覆盖的圆形无线区域，而用户一端只要设置一副面对基地台方向的小型定向天线，就能很容易地建立起通信线路。每个用户站可以分配十几个或数十个电话用户，在必要时还可通过中继站延伸至数百千米外的用户。

一点对多点微波通信系统一般采用一点对多点的预定分配时分多址，许多用户共用一个载频和一个基地台设备。因此，无线频率能得到有效利用，而且设备利用率较高。基地台的监控系统可高效地监控每个用户线路和设备状态，并且基地台能为用户提供维修服务。对于一些地址分散、业务量小的用户系统，如位于城市郊区、县城、农村村镇或沿海岛屿的用户，以及分散的居民点十分适用，较为经济。

3. 微波卫星通信

微波卫星通信是一种特殊的微波中继通信系统，它的中继站设在离地面36 000 km的天空中。这种系统的通信卫星的运行方向与地球自转的方向相同，且围绕地球一周的时间为24 h。因此，从地球上看运行中的通信卫星是相对静止的，所以我们称之为同步通信卫星。通信卫星上有微波转发设备，它接收地面站发射的微波信号，经变频、放大等处理后，再将其转发给另一个地面站，完成中继通信任务。有关卫星通信的详细内容将在后面的内容中讲述。

4. 微波散射通信

微波散射通信系统利用对流层不稳定气团的散射作用，使一部分微波信号反射回地面，实现远距离微波通信。其一跳距离（一次跨越通信距离）可达数百千米。不过，利用散射到达接收端的微波信号已很微弱，为了实现可靠通信，需要采用大功率发射技术，以及高增益低噪声接收技术。同时，由于散射信号是不规则变化的，为了克服和减少这种变化的影响，还需要采用分级接收技术。微波散射通信大多用于军事通信，一般较少用于民用通信。本节主要讨论微波中继通信系统。

三、微波中继通信系统

（一）微波站的分类

微波中继通信系统由许多微波站构成，除若干个终端站外，还有许多中继站。

对于一条微波中继线而言，它通常具有两个终端站和若干个中继站，中继站的数量取决于线路的传输距离。

终端站是指位于微波线路两端的微波站。一方面，它的任务是把数据信号调制为中频信号后，进行变频，使其成为微波信号，通过天线发射出去；另一方面，它还要将接收到的微波信号，经变频后解调，还原成对方送来的数据信号。

终端站设备比较齐全，一般装有微波收发信机、调制解调设备、分路滤波和波道倒换设备、多路复用设备及监控系统等。终端站的特点是只向一个方向收发，全上下话路。

中继站的任务是完成对微波信号的转发和分路。根据它们的不同功能，通常可以分为以下三种类型。

1. 中间站

中间站只完成微波信号的放大与转发。具体地说，将 A 方向站传来的微波信号，经变频、放大等处理后，向 B 方向站转发出去。同样，将 B 方向站传来的微波信号，经变频、放大等处理后，向 A 方向站转发出去。这种中间站的结构比较简单，主要配置天馈系统与微波收发信设备。中间站的特点是对两个方向实现微波转发，一般不能插入或分出信号，即不能上下话路。

2. 再生中继站

在再生中继站中，我们可以再分出和插入一条话路。为了不增加信号噪声，分路站不对整个信号进行调制或解调。在分出话路时，分路设备把需分出的话路信号滤出，然后对它们进行解调；在插入话路时，先把这些话路调制到载波上，并滤出需要的边带。

3. 枢纽站或主站

一般来说,枢纽站处在干线上,需要完成数个方向的通信任务,一般应配备交叉连接设备。对每一个方向来说,枢纽站都可以看作一个终端站。枢纽站可以上下全部或部分支路信号,也可以转接全部或部分支路信号,因此枢纽站上的设备门类很多,包括各种站型的设备,其在监控系统中一般作为主站。整个微波中继通信系统有上述的终端站、枢纽站、再生中继站和中间站四种类型的微波站。但在实际微波通信系统中,有时还采用调制站和非调制站、倒换站和非倒换站等名称。例如:终端站、主站、分路站都需要进行调制和解调,以便上下话路或电视信号,故统称为调制站;而倒换站需装有波道倒换机,并可以管理它两侧的若干个非倒换站。

(二)中继方式

地面远距离微波通信的一个重要特点是需要一站站地接力,即采用中继通信方式。因为微波信号、中频信号和基带信号中都携带着发信者所要传递的信号,所以各微波中继站可以在三个地方进行中继转接,即可以在基带部分、中频部分和高频部分进行转接。因此,微波中继通信系统的中继方式一般有三种,即基带中继方式、外差中继方式、直接中继方式(射频中继方式)。

1. 基带中继方式

基带中继方式又称为解调式中继,是把收到的微波信号经变频、放大解调成基带信号,进行必要的处理后,再用它去调制发信机的载频,并变成微波信号发送出去。这种中继方式的特点是从收信机到发信机采用基带转接。采用这种中继方式的微波中继站的设备和终端站基本上一致,每个站都可以分出和插入话路。对于一些必须上下话路的中继站来说,这是唯一能采用的中继方式。特别是对于数字微波来说,每个中继站的数字信息都经过再生,因此可以避免噪声和传输畸变的积累,从而提高传输质量。基带中继方式的这种优点是其他两种中继方式无法比拟的,因此基带中继方式是数字微波通信的主要中继方式。

2. 外差中继方式

外差中继方式是将接收到的微波信号经混频变为中频信号，然后经放大等处理后送到发信单元，发信机把中频信号混频、放大，而后把处理得到的微波信号转发出去。这种中继方式的特点是从收信机到发信机采用中频转接。因为不需要调制、解调，所以没有因多次调制、解调而引起的信号失真和噪声，传输质量比较好。这种中继方式适用于长途微波通信干线。不过采用这种方式的中继站不能上下话路。

3. 直接中继方式

直接中继方式是在收信机射频部分进行转接的。这种转接方式信号失真小，设备容量小，电源功耗低，适用于无须上下话路、低功耗、无人值守的中继站。但直接中继方式的技术条件要求高，所以微波通信一般不采用此种方式。在特殊领域，如国际通信中，当微波中继线路需跨越国界时才采用这种中继方式，一般情况通常采用前两种中继方式。

数字微波通信系统采用后两种中继方式时信号不经过再生处理，噪声及干扰会逐站累积，致使传输质量随着中继次数的增加而下降，所以一般只允许连续转接 2 次或 3 次。

（三）数字微波通信系统组成方框图

假设甲、乙两地的用户终端为电话机。在甲地，人们说话的声音经过电话机送话器的声电转换后变成电信号，再经过市内电话局的交换机将电信号送到甲地的微波端站。在微波端站经过时分复用设备完成各种编码及复用，并在微波信道机上完成调制、变频和放大后发送出去。该信号经过中继站转发，到达乙地的微波端站。乙地框图和甲地相同，其功能与作用正好相反，乙地用户的电话机受话器完成电声转换，恢复出原来的话音。

由信源来的信号经过信源编码、帧复接后变成高次群信号。在帧复接部分，根据所采用的体制的不同，我们可以把微波分为 SDH 微波和 PDH 微波。然后进入码型变换部分，码型变换包括线路编码和线路译码。因为从复用设备来的串行码流通常包括直流及低频分量，而传输信道是隔直流的，这就需要去掉基带信号中的直流分量。这个任务由码型变换中的编码器完成。国际电信联盟对线路码型的规定是：当传输速率为一、二、三次群时，传输码型为三阶高密度双极性码（HDB3）；当传输速率为四次群及以上时，传输码型为传号反转码（CMI）。传输码经过信道传输后，进入译码器，又变成适合电路处理的不归零码。通信系统利用比特时钟提取电路，从传输码中提取出比特时钟，供串行码流处理使用。扰码电路将信号数据流变换成伪随机码，消除数据流中的离散谱分量，使信号功率均匀分布在所分配的带宽内。串并变换将串行码流变换成并行码流，并行的路数取决于所采用的调制方式。

纠错编码可以降低系统的误码率。而格雷编码可以完成从自然码到格雷码的变换，并且格雷码传输时的误码率较低。此外，差分编码用于解决载波恢复中的相位模糊问题。数模转换器（D/A 转换器）一般只能进行自然二进制码到多电平的变换，因此在数模转换前，通信系统需进行格雷码与自然码的变换，再经数模转换后把多比特码元变换成多电平信号。网孔均衡器的作用是将多电平信号变换成窄脉冲，以满足传输函数对输入脉冲的要求。然后，该脉冲进入调制器进行调制。中频频率为 70 MHz 或 140 MHz，调制后的中频信号经过时延均衡和中频放大后，被送到发信混频器，将中频已调信号和发信本振信号进行混频，即可得到微波已调信号，再经过单向器、射频功率放大器和分路滤波器，就能得到符合发信机输出功率和频率要求的微波已调信号。这个射频信号经馈线系统和天线发往接收端。

在接收端，来自接收天线的微弱微波信号经过馈线系统、分路滤波器、低噪声放大器后与本振信号进行混频，得到已调波信号，再经过中频放大、滤波后得到符合电平和阻抗要求的中频已调波信号，将其发送至解调单元。解调后的信号进入时域均衡器，校正信号波形失真。模数转换（A/D 转换）包括抽样、判决和码变换三个过程，将多电平信号变换为自然二进制电平码。A/D 转换后的信号处理过程为发送端的逆处理过程。

四、数字微波通信系统的性能指标

数字微波通信系统的性能指标包括很多项，最重要的是对传输容量和传输质量这两个方面的要求。传输质量体现为误码率，而误码率又取决于噪声干扰、码间干扰和定时抖动，并且噪声干扰是主要因素。另外，在无线通信中，频谱是一种宝贵的资源，因此在单位频率上能传输的信息速率，即频带利用率，也是一个很重要的指标。

（一）传输容量

在数字微波通信系统中，传输容量用传输速率表示。

1. 比特传输速率

比特传输速率又称比特率或传信率，指每秒钟所传输的信息量，单位为比特 / 秒，简写为 bit/s 或 b/s。

2. 码元传输速率

码元传输速率又称传输码率，指每秒钟所传输的码元数，单位为波特，简写为 B。对于二进制来说，比特速率与码元速率相等，即 Rb=RB。

（二）频带利用率

数字微波通信在信号传输时，传输速率越高，所占用的信道频带越宽。为了体现信息的传输速率，我们采用频带利用率这一指标，表示单位频带内的信息传输速率。

五、微波传播的衰落特性及其对抗技术

（一）微波传播的衰落特性

大气中有对流、平流、湍流及雨雾等现象，它们都是对流层中一些特殊的大气环境造成的，并且是随机产生的，加上地面反射对微波传播的影响，部分发送端到接收端之间的微波会被大气散射、折射、吸收，或被地面反射。在同一瞬间，可能只有一种现象发生（影响较明显），也可能几种现象同时发生，其发生的次数及影响程度都带有随机性，这些影响使收信电平随时间起伏而变化。这种收信电平随时间起伏变化的现象，叫作微波传播的衰落现象。

衰落现象的持续时间有长有短。持续时间短的为几毫秒至几秒，称为快衰落；持续时间长的从几分钟至几小时，称为慢衰落。当衰落发生时，收信电平低于自身自由空间电平，称为上衰落。信号的衰落情况是随机的，因此无法预知某一信号随时间变化的具体规律，只能掌握信号随时间变化的统计规律。信号的衰落现象严重影响微波传播的稳定性和系统可靠性。

传播衰落主要由上述大气与地面效应引起。从发生衰落的物理原因看，可以分成以下三类。

1. 闪烁衰落

对流层中的大气常常发生体积大小不等、无规则的旋涡运动，称为大气湍流。大气湍流形成的一些不均匀小块或层状物使介电常数与周围不同，并能使电磁波向周围辐射，这就是对流层散射。在收信点，天线可收到多路径传来的这种散射波，它们之间具有任意振幅和随机相位，可使收信点电场强度的振幅发生变化，并形成快衰落，服从瑞利分布。

在视距微波通信中，对流层散射到收信点的多径电场强度叠加在一起，使收信电场强度降低，形成了闪烁衰落。由于这种衰落持续时间短，电平变化小，一般不至于造成通信中断。

2. 多径衰落

多径衰落是一种多径传输引起的干涉性衰落，是直射波与地面反射波（或在某种情况下的绕射波）到达接收端时，因相位不同、互相干涉造成的电波衰落。其相位干涉的程度与行程差 Δr 有关，而在对抗层中，行程差 Δr 是随 K 值（大气折射的重要参数）变化的。这种衰落在线路经过水面、湖泊或平滑地面时特别严重，因气象条件的突然变化，严重时会造成通信中断。无论是因地面影响产生的反射衰落，还是因大气折射产生的绕射衰落，衰落深度随时间变化引起的衰落均属多径衰落。

除地面效应外，有时大气中出现的突变层也能使电波反射或散射，并同直射波和地面反射构成电波的多径传输。其在接收点产生干涉，这也是一种多径衰落。

45

3. 波导型衰落

各种气象条件的影响，如早晨地面被太阳晒热，夜间地面的冷却，以及海面和高气压地区都会导致大气层中出现不均匀结构。当电磁波通过对流层中这些不均匀结构时，大气层将产生超折射现象，形成大气波导。如果微波射线通过大气波导，且收、发两点在波导层下面，那么收信点的电场强度除了受到直射波和地面反射波影响，还可能受到波导层的反射波影响，形成严重的干涉性衰落，并往往造成通信中断。

衰落对视距传播的影响主要有两个方面：一是收信电平下降，二是衰落的频率选择性导致传输波形失真。在多径衰落的情况下，严格来说这两种影响是同时存在的。但在一定条件下，如信号传输带宽较窄可以忽略频率选择性的影响。在信号传输带宽内具有相同的电平衰落深度，这种衰落称为平衰落。下面主要讨论平衰落的统计特性。

描述衰落的统计特性可以有不同的方法。例如：可以连续记录收信电场强度（或收信电平）随着时间变化的分布曲线；也可将电场强度记录中低于某一电场强度的时间加起来，再除以总时间，得到低于该电场强度的时间分数或概率，绘出收信电场强度的累积分布曲线；等等。

从微波接力通信系统的可靠性着眼，我们必须掌握衰落深度与衰落持续时间的概率分布情况。前者给出了电波传播的中断电平，后者给出了中断时间。应该强调指出，多径传播效应所引起的相位干涉现象，是视距传播衰落的主要原因。其衰落模型可以用一个固定的电场强度矢量与无穷多个相位独立的随机矢量的矢量和来描述。

为了分析不同条件下电波传播的衰落特性，通常采用概率论的方法，引用能够近似表达这些衰落特性的多种分布函数，其中最常用的是瑞利分布。可以证明，上述矢量和的模服从广义瑞利分布。当衰落较严重时，相位干涉的随机矢量所占的比重很大，固定电场强度成分居次要地位，甚至处于极不明显地位，这时广义瑞利分布就趋于瑞利分布，其主要特征是衰落快且深。

衰落裕量又叫衰落储备。数字微波通信中的衰落裕量与模拟微波线路参数的衰落裕量不同，这里是指衰落容限，即为了保证某个限定的误码率指标，中继端（设备）具有的抗衰落的储备量，或者说能忍受的衰落深度。而模拟微波的衰落裕量，是指在进行噪声指标分配时，对一个中继段留有的指标余量。

对于大容量数字微波来说，信号一般属于宽带信号，宽带信号通过空间信道后，各频率分量经受不相关的衰减。在接收的合成信号中，某个小频带内的频率衰减过大，使得在整个频带内，不同频率的信号的衰落深度不同，这种现象称为多径衰落的色散特性。这种衰落就是频率选择性衰落。当产生这种衰落时，接收的信号功率电平不一定小，但其中某一些频率成分幅度过小，会使信号产生波形失真。数字微波对这种衰落反应敏感，由波形失真形成码间串扰，使误码率增加。所以，对数字微波电路设计来讲，克服频率选择性衰落是一个重要的课题。解决频率选择性衰落仅考虑增加发射功率是不行的，最好的解决办法是采用分集接收和自适应均衡技术。

频率选择性衰落是由多径传播产生的干涉性衰落现象引起的，我们把多径传播归纳为两种类型：一种是直射波与地面反射波形成的多径；另一种是低空大气层大气造成的几种途径并存的多径。一般来说，第一种是主要的，是必然发生的；第二种则居于次要地位，并不经常发生。但是，当地面反射波强度很弱，甚至很微弱时，第二种多径影响就将成为主要因素。

因为多径干涉性衰落是由几条不同路径的电磁波相互干涉而产生的，所以从原理上讲，对其衰落模型的研究应该将几条波束进行合成处理。但是，在视距微波线路上三条以上波束互相干涉所造成的衰落，使微波电路质量变坏的概率较小。频率选择性衰落对微波通信系统传输质量会产生以下三个方面的影响。

（1）信号的波形失真。带内失真会导致解调后数字信号的波形失真，波形失真又会造成码间干扰。有证据表明，在信号的通频带内，5～6 dB 的振幅就会使数字微波通信系统产生不被允许的高误码率，使系统性能降低。

决定频率选择性衰落程度的基本参数是两条射线的振幅比和路径时延差。当路径时延差固定时，振幅比越接近 1，衰落越严重；当振幅比一定时，路径时延差越大，信号的色散越严重。

（2）交叉极化辨识率下降。一种极化状态下（如水平极化）的微波信号，经过信道传输，可能会受到大气层对电波传播的影响，使极化面受到损害，并使一部分能量成为与之正交的极化状态（如垂直极化）。采用同频（双极化）方案将引起频率相同、极化正交的两个波道之间的干扰，我们称之为交叉极化干扰。

当然，交叉极化干扰可以由收发两端的天线馈线系统的特性产生，但这种情况往往是以一种背景干扰（噪声）的形式存在，并保持不变的。我们一般认为 10 GHz 以下频段的交叉极化干扰主要由多径传播引起。

（3）系统原有的衰落裕量值下降。当不考虑频率选择性衰落或系统传输的是窄带信号（频率选择性衰落可以忽略的情况下）时，系统的抗衰落能力是以平坦衰落裕量作为表征的。

平坦衰落裕量是指与自由空间传播条件相比，当热噪声增加时（只考虑热噪声），在不超过误码率门限的情况下系统仍能工作所必须留有的电平余量。

当考虑频率选择性衰落时，即对于大、中容量的数字微波通信系统而言，平坦衰落的概念已不适用。因为数字微波通信系统的传输带宽（由传输容量和调制方式决定）较宽，而且带宽越宽，频率选择性衰落的影响越严重，使系统实际具有的衰落裕量比平坦衰落裕量值低。当带内失真较严重时，有时衰落并不深，而且热噪声的影响也并不显著，却也有可能使误码率很快增加，当超过误码率门限时，通信中断。

数字微波通信系统经常用到有效衰落裕量的概念。它表示与自由空间传播条件相比，当考虑频率选择性衰落时，在不超过误码率门限时系统仍能工作所必须留有的电平阈值。

对于大、中容量的数字微波通信系统而言，当增加平坦衰落裕量时，有效衰落裕量不能与之成比例地增加，其增加极其缓慢。也就是说，仅增加平坦衰落裕量时，如只提高发信功率，数字微波通信系统的性能不会得到必要的改善。解决的办法是采用频率分集、空间分集和适应均衡技术，以提高系统的抗频率选择性衰落的能力。

（二）抗衰落技术

微波传播中的衰落现象给微波传输带来了不利的影响，所以人们在研究电波传播统计规律的基础上，提出了各种应对电波衰落的技术措施，即抗衰落技术。

应对平坦衰落，往往靠收信机中频放大器的自动增益控制电路和采用备用波道倒换的办法。在已建成的微波线路上，对某些衰落严重的接力段，尤其是频率选择性衰落严重的接力段，应采取更有效的抗衰落技术，如采用分集技术和抗衰落天线。其中，分集技术是指通过两条或两条以上的途径（如空间途径）传输同一信息，以减轻衰落影响的一种技术措施。下面将介绍分集技术。

分集接收减小衰落的物理意义是很明显的。因为衰落是一种随机过程，故被接收的电场振幅是一个随机变量。若相距较远的各接收点，其电场衰落不相关，那么当某一点的电场深度衰落时，其他点的电场很可能不发生深度衰落。随着分集重数的增加，全部电场同时经受深度衰落的可能性要小得多。分集接收技术就是以这种传播特性为基础的。

但是，分集接收并不能抵抗所有的衰落，如对绕射衰落、雨雾的吸收衰落等，它是无能为力的。对这类衰落只有增强发射功率，缩短站距，适当地改变天线设计才能克服。对于由大气中多径传播引起的干涉性衰落，如波导衰落等，若我们采用分集接收，则基本上可以改善通信质量。用分集接收抵抗深度衰落的效果较好，所以对那些衰落深度大、衰落频率高的中继段可采用分集接收。但分集接收解决不了平均电平低的问题。

分集接收的效果取决于两种信号衰落的相关程度。两个随机变量的相关程度，可用相关系数 R 表示，R 在 -1 到 1 之间。当 $R=0$ 时，说明两者不相关；当 $R > 0$ 时，表明一个变量随另一个变量的增加而增加，称为正相关；当 $R < 0$ 时，表明一个变量随另一个变量的增加而减少，称为负相关。两种信号的相关性越小，即相关系数 R 越趋近于 0，则分集接收的效果越好；反之，

相关系数的绝对值越趋近于 1，则分集接收的效果越差。

分集技术包括分集发送技术和分集接收技术。从分集的类型看，使用较多的是空间分集和频率分集。把空间分集和频率分集组合起来，使发送站用两个频率发送同一信息，接收站用垂直分隔的两副天线各自接收不同频率的信号，再进行合成或选择，这种方式称为混合分集。此外，还有时间分集（不同的时间传输同一信息）、站址分集（如卫星通信为了克服降雨衰落的影响，采用相隔几千米的两个地面站接收同一信息，然后进行择优）、角度分集（对流层散射通信中在不同角度接收同一信息的方式）等。

无论何种分集方式，都是利用在不同的传播条件下，几个微波信号同时发生深度衰落的概率低于单一微波信号发生同一衰落深度的概率来取得分集改善效果的。

分集改善效果是指采用分集技术与不采用分集技术相比，减轻深度衰落影响所得到的效果（好处）。为了定量地衡量分集的改善程度，我们常用标称改善效果，即分集增益和分集改善度这两个指标描述。

分集增益是指在某一个累积时间百分比内，分集接收与单一接收的收信电平差。这一电平差越大，分集增益越高，说明分集改善效果越好。

分集改善度是指在某一相对收信电平时，单一接收与分集接收的衰落累积时间百分比之比。其比值越大，说明分集改善效果越好。例如，当收信电平低于自由空间收信电平 20 dB 时，单一接收与分集接收一起接收同一收信电平，其衰落的累积时间百分比分别为 1.00 % 和 0.01 %，两者的比值为 100，即分集改善度为 100。

若把低于自由空间 20 dB 的收信电平定义为中断电平，则单一接收与分集接收对应的时间百分比称为中断率。在本例中，如果一个月时间单一接收的中断率为 1.00 %，而采用分集接收后的中断率只有 0.01 %，那么采用分集接收后的中断累积时间只有原来的 1.00 %。

因为定义分集增益和分集改善度的着眼点不同，所以我们在研究线路信噪比性能时采用分集增益为宜，在研究对线路瞬时中断的改善时采用分集改善度合适。

空间分集分为空间分集发信和空间分集接收两个系统，这里以空间分集接收为例说明这种技术。

在微波系统中常用的是垂直空间分集。若采用一副发射天线，两副高低不同的接收天线，称为二重分集；若采用一副发射天线，三副接收天线，则称为三重分集；若发射天线和接收天线都是两副（或者是一副发射天线，四副接收天线），则称为四重分集。下面以二重分集为例来说明几个与空间分级有关的问题。

当发生地面反射的干涉性衰落时，接收点的电场强度在垂直面上产生瓣状结构，即因不同高度上行程差的不同而产生不同衰落。当气象条件及折射率发生变化时，电场强度的干涉瓣结构也会发生上下移动。若用一副天线接收，这种变化就会引起信号的衰落。若采用两副天线接收，并使两副天线的高度差等于电场强度分布的相邻衰减最大值和最小值的间距，则一副天线上接收信号的降低会被另一副天线上的信号电平的提高补偿，于是可使衰落大大地减小。

当采用上天线和下天线来接收前站发送的同一频率的微波频率信号时，在选择合适的天线高度差后，两副天线各自接收的微波信号之间的空间相关性较小，故能取得较好的效果。门限开关分集接收系统是在空间中不同的垂直高度上架设两副天线，某一时刻只有一副天线的接收信号通过微波开关与收信机连接。当经上天线（或下天线）接收的信号因电波衰落，低于某一个门限电平的时候，便由分集控制架的控制电路切断这个天线的信号，使收信机改接到另一副接收天线上，以此来减轻深度衰落的影响。

第二节　数字微波通信系统理论

一、数字微波通信发信设备的组成与性能指标

发信设备利用经过处理的数字信号对载波进行调制，使之成为微波信号并发送出去。因为不同的中继站形式有不同的发信设备组成方案，所以数字

微波发信设备通常有直接调制发射机和中频调制发射机两种组成方案。

直接调制发射机方案指的是来自数字终端机的信码经过码型变换后，直接对微波载频进行调制，然后经过微波功率放大器和微波滤波器处理后传送到天线，由天线发射出去。这种方案的发射机结构简单，但当发射频率较高时，其关键设备微波功率放大器比中频调制发射机的中频功率放大器制作难度大，而且在一个系列产品多种设备的场合下，这种发射机的通用性差。

中频调制发射机方案指的是来自数字终端机的信码经码型变换后，在中频调制器中对中频载频（中频频率一般取 70 MHz 或 140 MHz）进行调制，获得中频调制信号，然后经过功率放大器把这个已调信号放大到上变频器要求的功率电平。上变频器把它变换为微波调制信号，再经微波功率放大器放大到所需的输出功率电平，最后经微波滤波器输出馈送到天线，由发射天线将此信号送出。可见，中频调制发射机的构成方案与一般调频的模拟微波机相似，只要更换调制、解调单元，就可以利用现有的模拟微波信道传输数字信息。因此，在多波道传输时，这种方案容易实现数字系统与模拟系统的兼容。不同容量的数字微波中继设备更改传输容量一般只需要更换中频调制单元。因此，在研制和生产不同容量的设备系列时，这种方案有较好的通用性。

（一）发信设备的主要性能指标

1．工作频段

微波接力通信系统的频段为 1 ～ 40 GHz，范围十分广泛。工作频率越高，越容易获得较宽的通信频带和较大的通信容量，同时天线设备也具有更敏锐的方向性，而且体积、重量更小。但是，工作频率高时，雾、雨或雪的吸收显著，传播损耗、衰减和接收设备噪声也更高。从 12 GHz 起必须考虑大气中水蒸气的吸收问题，这种吸收衰耗随频率上升而增加。当频率接近 22 GHz，即水蒸气分子谐振频率时，达到大气中传播损耗的峰值，衰减量很大。

对于较长距离的微波中继，1.7 ～ 12.0 GHz 是主要工作频段。我国选用

2 GHz、4 GHz、6 GHz、7 GHz、8 GHz、11 GHz 作为微波通信的主要频段，其中 2 GHz、4 GHz、6 GHz 频段主要用于干线中继，7 GHz、8 GHz、11 GHz 主要用于支线或专用网中继。

2. 输出功率

微波中继站所需的发射功率和很多因素有关。例如，通话路数越多，频带越宽，为保持同样的通信质量，必须有更高的发射功率。另外，其也和站址选择、多径衰落的影响、分集接收的采用等诸多因素有关。

一般情况下，数字微波通信比模拟通信具有更好的抗干扰能力。为了保持同等通信质量，数字微波通信与模拟通信相比需要较低的发射功率。例如，数字微波发射机输出功率有时只需几十毫瓦到几百毫瓦，甚至长距离情况下也只需要几瓦的功率。

3. 频率稳定度

发信机的每个工作波道都有一个标称的射频中心工作频率，用 f_0 表示。与标称工作频率的最大偏差值为 Δf。

微波通信对频率稳定度的要求取决于所采用的通信制式及对通话质量的要求。对于数字微波通信系统经常采用的调制方式来说，发射机频率漂移将使解调过程产生相位误差，致使有效信号幅度下降，误码率增加。因此，采用数字调相的数字微波发射机比采用模拟调频的模拟微波发射机有更高的频率稳定度。当采用数字调制方式时，频率稳定度可以取 $1 \times 10^{-5} \sim 2 \times 10^{-5}$。

4. 电源效率

系统整机电源功率主要消耗在发信信道上。因此，生产商设计发电各部件时，要着重考虑电源效率，尤其是射频功率放大器的电源效率，其中射频功率放大器的平均电源效率为 35 %，甲类功率放大器电源效率一般低于 15 %。但是，对于中、大容量数字微波系统，为了保证信道传输的非线性指标，电源效率的高低应以线性条件是否满足为原则。

5. 谐波抑制度

在规定谐波抑制度时，除了考虑数字微波通信系统本身的各种干扰，还应考虑其对模拟通信系统和卫星通信系统的干扰。因此，应当适当地配置工作频率和采取必要的防护措施。

6. 通频带宽度

除了滤波器，发信信道的各组成部件都应具有宽频带特性。通常，变频器和微波小信号功率放大器易于实现宽带设计，而对于大功率微波放大器来说，很宽的工作频带是不合适的，一般只要求能覆盖两个工作波段。因此，在总体设计时，我们可不考虑它们对发信信道通频带的影响。

7. 非线性指标

不是所有的系统都要求有较高的功率非线性指标，如二进制相移键控（2PSK）系统，信道的功率非线性指标意义不大。这时，为了保证较高的电源效率，往往首先考虑采用丙类射频功率放大器。对于含有调幅信息的调制方式，如正交幅度调制（16QAM）系统，信道的功率非线性指标就显得至关重要。这时，为了保证非线性指标，往往不得不牺牲其他性能，如电源效率、经济成本和设备的复杂程度等。实际上，不同的调制信号对信道的非线性指标要求也不同。

（二）微波振荡源

微波振荡源是微波通信设备的关键部件之一，其性能的优劣将直接影响微波通信电路质量的好坏。随着微波技术的发展和微波新器件的出现，各种类型的微波振荡源相继用于模拟和数字微波通信设备，满足了通信设备高性能、低功耗、低成本、高可靠性等技术要求。通常对振荡源性能的要求为频率稳定度高、功率稳定性好、噪声低、无干扰、调制线性好。

（三）微波功率变频技术 —— 上变频器

在数字微波接力发信信道中，涉及微波功率变频技术的部件是发信上变频器和微波倍频器。在外差式发信信道中，发信上变频器是不可缺少的部件；对于较高频段的工作信道来说，微波倍频器也是常用的部件。

目前，在数字微波发信信道中，上变频器的非线性器件有变容二极管、阶跃恢复二极管、肖特基势垒二极管等。其中，由于变容二极管功率容量大，管内损耗低，具有线性电抗特性，处于上变频工作状态时，容易获得较高变频效率，有一定的功率增益，因此上变频器一般都采用变容二极管。近年来出现的双栅砷化镓场效应晶体管构成的上变频器和微波倍频器是一种新的功率变频部件。微波双栅场效应晶体管是新型三端器件，具有较高的变频增益，所需本振功率也小，可获得相当优越的变频特性。

（四）微波晶体管线性功率放大器

在数字微波发信机末端的功率放大器，除了要求在工作带宽内具有平坦的增益特性，还要求具有良好的线性，以避免已限带的频谱通过放大器后的旁瓣得到恢复，并抑制放大器输出的互调产物以防止对相邻波道的干扰。所以，数字微波发信机一般采用线性功率放大器。

二、数字微波收信设备的组成及性能指标

数字微波收信设备一般都采用超外差接收方式，由射频系统、中频系统和解调系统三大部分组成。来自接收天线的微弱的微波信号经过馈线、微波滤波器、微波低噪声放大器和本振信号的混频，变成中频信号，再经过中频放大器放大、滤波后发送到解调系统实现信码解调和再生。

射频系统可以用微波低噪声放大器，也可以采用直接混频的方式。前者具有较高的接收灵敏度，而后者的电路较为简单。天线馈线系统输出端的微波滤波器用来选择工作信道的频率，并抑制邻近信道的干扰。

中频系统承担了接收机大部分的放大量，并具有自动增益控制的功能，以保证到达解调系统的信号电平比较稳定。此外，中频系统对整个接收信道的通信频带和频率响应也起着决定性的作用。目前，数字微波通信的中频系统大多采用宽频带放大器和集中滤波器的组合方案，由前置放大器和主放大器完成放大功能，由中频滤波器完成滤波的功能。这种方案的设计、调整都比较方便，而且容易实现集成化。

数字调制信号的解调有相干解调与非相干解调两种方式。由于相干解调具有较好的抗误码性能，因此在数字微波通信中一般都采用这种方式。相干解调的关键是载波提取，即要求在接收端产生一个和发送端调制载波同频、

同相的相干信号，这种解调方式又叫作相干同步解调。另外，还有一种差分相干解调，也叫延迟解调电路，它是利用相邻两个码元载波的相位进行解调的，故只适用于差分调相信号的解调。这种方法的电路简单，但与同步解调相比，其抗误码性能较差。

（一）收信设备主要性能指标

1. 工作频段

收信设备的工作频段显然和发射设备的工作频段相对应，不同频段接收机的组成方式和电路形式也各不相同。各频段所用的频带宽度为 $400 \sim 600$ MHz，其中包括 $8 \sim 16$ 个工作波道，具体工作波道配置基本上按照国际无线电咨询委员会的建议执行。

2. 噪声系数

一般把输出信噪比与输入信噪比的比值定义为噪声系数，实际使用时用分贝来计算。噪声系数是收信设备的重要指标。由多级微波部件组成的收信系统噪声系数主要取决于前面的一两级。

3. 本振频率稳定度

收信设备本振频率稳定度应和发信设备本振频率稳定度具有相同的指标，通常要求为 $1 \times 10^{-5} \sim 2 \times 10^{-5}$，有些高性能收信机的要求为 $2 \times 10^{-6} \sim 5 \times 10^{-6}$。

在方案选取上，收信本振和发信本振使用两个相互独立的振荡器。在有些中继设备里，收信本振功率是由发信本振功率进行移频得到的，收信本振频率与发信本振频率相差在 300 MHz 左右。这种共用一个振荡源的方案，好处是收信本振频率与发信本振频率必定是同方向漂移的。因此，将其应用于中频转接站，可以适当降低对振荡器频率稳定度的要求。

4. 通频带

为了有效地抑制噪声干扰和获得最佳信号传输，应该选择合适的通频带和数字带通传输系统。接收机的通频带特性主要由中频滤波器决定。

5. 选择性

选择性是指接收机在通频带之外对各种干扰的抑制能力，尤其要注意抑制邻近波道干扰、镜频干扰和本机收发之间的干扰等。这项指标在总体设计时，根据干扰防护程度制定，并由微波滤波器、中频滤波器及抑制中频滤波器来保护。

6. 最大增益和自动增益控制范围

接收机的最大增益取决于输入端的门限电平和解调器的正常工作电平。例如，当数字微波中继接收机的输入门限电平为 -126 dBW 时，要使解调器正常工作，就要求主机中继在 75 Ω 负载上输出 200 mV（相当于 -33 dBW），则接收机的最大增益为 93 dB。此增益应该在微波低噪声放大器、前置中频放大器和主放大器各级之间进行分配，同时还要把混频器和滤波器损耗考虑在内。此外，还要注意各放大器是否会出现饱和及非线性情况。

自动增益控制电路是微波中继收信机不可缺少的一部分，如果没有这部分电路，当发生传输衰落时，解调器就无法工作。以正常传输电平为准，低于这个电平的传输状态称为下衰落，高于这个电平的传输状态称为上衰落。数字微波通信常用的典型数据为上衰落 +5 dB，下衰落 -40 dB，共有 45 dB 的动态范围。当输入信号在此范围内变动时，要求自动增益控制电路能保持解调器的中频输入电平在一个很小的范围内变动。有些微波放大器，如双栅场效应晶体管放大器，在第二栅增加控制电压就能实现增益控制。

（二）微波晶体管低噪声放大器

数字微波收信机、发信机分别使用不同类型的微波放大器，即微波收信机输入端的微波低噪声放大器和微波发信机输出端的微波线性功率放大器。微波低噪声放大器的作用是将接收到的微弱信号加以放大。对收信机而言，信噪比是非常重要的指标，为了提高信噪比就应减小各级网络的噪声系数。收信机相当于一个多级级联网络，整个收信机的噪声系数受前两级影响最大。

目前使用的微波收信机，要求较低时可采用直接混频式。收信机的噪声系数是从收信混频算起的，因为混频器的噪声系数比较高，所以整个收信机

57

的噪声系数也较高。要求较高时，为了降低收信机的噪声系数，需要在收信混频器的前面增加微波低噪声放大器。数字微波设备都采用这种方式。对这种放大器的要求是低噪声、足够的增益，并满足一定的带宽。

在典型的数字微波系统中，微波放大器对误码性能和系统增益的影响比收信混频器、发信混频器和微波振荡源的影响要大。

（三）微波收信混频电路

微波收信混频电路的作用是变微波信号为中频信号。混频器靠近接收机的输入端，输入的信号不但很微弱而且功率波动较大，因此电路的插入损耗、噪声电平、承受信号的动态范围及抑制干扰信号的能力等特性，对整个收信信道有很大的影响。在设计混频器时，除了选择合适的混频器件，还要选择合适的电路形式，严格调整其工作状态，使之具有最小的混频噪声和变频损耗，以及最大的信号动态范围。

微波收信混频器几乎都采用微带式混频器，按电路结构大致可分为单端混频器和平衡混频器两大类。单端混频器只用一个二极管，电路结构简单，成本低，但噪声大，抑制干扰能力差，在要求不高时仍可用。平衡混频器借助平衡电桥和二极管的一致性可使抵消振噪声，因而使降噪性能得到改善，而且组合干扰密度降低。

平衡混频器又分为单平衡混频器和双平衡混频器。双平衡混频器电路是由4个混频管和平衡—不平衡变换器组成的。4个混频管在结构上对称，电性能一致，所以隔离度高，抑制失真能力强，变频损耗小，理论上组合干扰密度是单端混频器的1/4，但必须用管芯构成的专用混频管堆。

三、微波通信对天线设备的要求

（一）微波通信天线及馈线系统形式

天线把发射机的高频能量沿指定方向以电磁波形式发送出去，或者把从某个方向来的电磁波收取下来送进接收机。我们对天线的要求包括：具有较高的天线增益、良好的天线方向性、低损耗的馈线系统，以及天线与馈线之间优良的匹配性能；在机械结构上需保证足够的抗风强度，并能在恶劣的气象环境下正常工作，如防冰雪措施等。微波通信系统对天线除了上述通常要求，还需有较高的极化去耦度。

微波通信系统中的馈线有同轴电缆型和波导型两种形式。一般在分米波波段（小于 2 GHz），采用同轴电缆馈线；在厘米波波段上频段（4 GHz 以上频段），因同轴电缆损耗较大，故采用波导馈线。波导馈线系统又分为圆波导馈线系统和矩形波导馈线系统。因为圆波导馈线系统可以传输互相正交的两种极化波，所以与极化天线连接时，只要一根圆波导馈线即可。数字微波和模拟微波的馈线系统形式及对它们的技术要求基本相同。

（二）微波天线的技术要求

发射天线的功能是把馈线输送过来的微波信号能量转换为电磁波能量，并将其集中在一定的立体角内朝指定方向辐射出去。

接收天线的功能与发射天线相反，当空间中某一方向有电磁波照射天线时，天线导体在外电场作用下激发起感应电动势并在导体表面产生电流，该电流流进天线负载（接收机），使接收机输入回路中产生电流。因此，接收天线是一个把空间电磁波能量转换为电流能量（或传输系统内部能量）的变换装置，其工作过程恰好是发射天线的逆过程。因为接收和发射是一种可逆的物理过程，所以同一副天线既可作为发射天线，又可作为接收天线。

收发天线的工作质量对于通信极为重要。数字微波通信对天线的电性能有一系列的要求，通常称其为天线的电压指标。下面说明这些指标的含义。

1. 天线的方向性

天线的方向性是指其定向辐射的能力。描述天线方向性的电平指标有方向性函数、方向图主瓣宽度、旁瓣（副瓣）电平和方向性系数等。

2. 方向图的波瓣宽度

天线的方向图一般都呈花瓣状，故方向图常称为波瓣图。包含最大辐射方向的波瓣称主瓣；背向最大辐射方向的波瓣称后瓣；其他方向的波瓣称为副瓣或旁瓣。在微波通信的设计中，常用的指标有主瓣宽度、副瓣电平和后瓣电平。主瓣宽度是指在主瓣最大值两侧功率密度等于最大值一半的两个方向间的夹角。主瓣宽度越小，天线辐射的能量越集中，即定向性能越好。

3. 副瓣与近场隔离

靠近主瓣的副瓣称为第一副瓣，其最大值与主瓣最大值之比的分贝数，称为第一副瓣电平。其他副瓣及后瓣电平的含义与此类同。一般情况下，副瓣与后瓣都是有害的，要求它们尽可能小。

微波通信基站常常是几副天线挂在同一个铁塔上，而它们的功能却各不相同。天线副瓣电平和后瓣电平的存在，会使这些天线之间发生相互串扰，使通信系统工作不正常。

4. 方向性系数

方向图形象地描绘了天线的方向特性，且波瓣宽度在一定程度上半定量地描述了天线集中辐射的能力，但其不便于对不同天线方向性之间的定量做比较。为了对各种天线的方向性做定量描述，选取无方向性的理想点源作为标准（理想点源在空间各个方向上的辐射都均匀一致），在总辐射功率相同的条件下，把天线在其最大辐射方向上的辐射能力比理想点源的辐射能力增强的倍数称为该天线的方向性系数。

5. 天线效率

天线效率的定义为天线辐射到外部空间的功率与输入天线上的功率之比。

6. 增益

增益是衡量天线性能的重要指标，它是以天线的输入功率作为计算依据的。这一指标方便测量和计算，在工程中经常采用。增益的定义与方向性系数相似，是指输入功率相同的条件下，天线在其最大辐射方向上的辐射能力比理想点源的辐射能力增强的倍数。天线的增益是方向性系数和效率的乘积。增益中已经计算天线自身的能耗，故更能代表天线的工作质量。

7. 接收天线的有效面积

接收天线的有效面积的定义为：天线的极化与来波极化完全匹配，以及在负载与天线阻抗共轭匹配的最佳状态下，天线在该最大方向上所接收的功率与入射电磁波能流密度之比。

（三）微波通信天线

微波的波长很短，所以中继通信所用的天线多数是面状天线，主要包括抛物面天线和卡塞格伦天线。

1. 抛物面天线

微波通信通常使用抛物面天线。它主要利用抛物反射面所具有的将点源发射的球面波转换成平面波的特点，形成一个聚合的波束，向指定的方向辐射电磁波。

抛物面天线的结构由两部分组成：一部分是抛物反射面，其形状是由抛物线绕其轴线旋转而成的，是用金属制成的反射镜；另一部分是安装在抛物面焦点上的初级辐射器，又称馈源。这种结构的天线是弱方向性天线，常用的是带反射圆盘的半波振子天线或小喇叭天线。馈源与馈线相连，由馈线传来的微波信号经馈源转换为初级辐射的球面电磁波投向抛物面，抛物面再将此球面电磁波转变为平面波射向空间。

抛物面具有下述两种重要性质：一种是由焦点发出的射线经过抛物面反射以后都与抛物面轴线平行；另一种是垂直于轴线的平面就是经抛物面反射后的电磁波的等相位面。因此，当照射器位于抛物面的焦点时，由照射器发射到反射面的球面波可以经反射后形成一个平面等相位辐射面，并以此等相位辐射面作为二次辐射源，产生一个高方向性的波束。抛物面能将位于焦点处的点源发出的球面波反射形成平面波束，因而具有强方向性、高增益和低损耗的特点。

2. 卡塞格伦天线

卡塞格伦天线是双反射面天线，被广泛使用。它有两个反射面，一个作为主反射面，另一个作为副反射面。这种天线的馈源辐射的电磁波首先射向副反射面，经副反射面反射后再射向主反射面，经主反射面反射以后才射向远处的空间。主反射面仍是抛物面，副反射面是旋转双曲面，经副、主反射面两次反射后在抛物面上得到的仍是同相的口面场。根据这种天线系统的几何关系，可以很容易地了解这一点。

卡塞格伦天线把普通抛物面天线的激励方式从前馈方式改为后馈方式，馈源可以安装在抛物面顶点附近。这样不仅馈源安装容易，使整个天线的结构较为紧凑，而且提高了无线馈电系统的电气性能，降低了馈线损耗，使天线馈线系统的匹配性更好。

卡塞格伦天线可以等效为焦距更长的抛物面天线。因为长焦距抛物面天线的性能比短焦距抛物面天线的性能好，也就是说用短轴向尺寸的卡塞格伦天线得到了长轴向尺寸的长焦距抛物面天线的性能，因此卡塞格伦天线的效率通常比标准抛物面天线高。

四、收发公用器

微波站具有接收和发射两套系统。为了节省设备，通常收发系统都连接在同一副天线上，而这需要收发公用器来实现。对于不同的微波通信系统，收发公用器有以下两种类型。

（1）接收系统和发射系统采用同一频段内的两个不同的波道时，用环形器作为收发公用器。

（2）接收系统和发射系统使用不同的频段时，收发信号的分离不再采用环行器，而采用频率分离双工器作为收发公用器。

五、微波通信系统的噪声

信噪比对通信质量有着重要的影响，若要信噪比高，则设备复杂，造价成倍增加。也就是说，信号和噪声是关于通信质量好坏的对立统一的矛盾。所以，研究噪声，了解各种噪声产生的原因、特点及减小噪声的方法，对提高通信质量有着重要的意义。

噪声可分为外部噪声和内部噪声。外部噪声主要来源于工业干扰、宇宙干扰及天电干扰。外部噪声的特点是频谱极宽，且干扰强度随频率升高而下降。内部噪声主要来源于热噪声、波形失真噪声和各种干扰噪声。其中：热噪声主要是传输设备中导体内部电子的热运动和电子器件中载流子的不规则运动所产生的噪声；波形失真噪声是传输设备的线性失真和非线性失真干扰所产生的噪声；干扰噪声主要是电波的多径传播、阻抗失配、电源波动及其他波道信号的干扰所产生的噪声。内部噪声的特点是频谱很宽，干扰强度几乎与频率无关，具有白噪声的特性。

在微波通信中，因为频率很高，外部噪声的影响较小，所以我们主要研究部分内部噪声及其对信噪比的影响。

（一）电阻热噪声

电阻热噪声是由电阻体内自由电子的热运动产生的。由物理学可知，当环境温度大于 0 K 时，物体内的微小颗粒、自由电子便处于无规则的热运动状态，这是外部供给了能量的缘故。电子的运动可以形成电流，而当电子之间发生碰撞时就会产生电流脉冲，这些电流脉冲是随机的，所处的环境温度越高，这种碰撞就越频繁。因此，在电阻体内的两端就表现出一个波形极其复杂的交流电压，这就是电阻热噪声。

（二）干扰噪声

1. 回波干扰

馈线及分路系统有很多波导元件，波导元件之间的连接处可能因连接不理想而形成电波反射，其结果是在馈线及分路系统中，除主波信号外，还会有反射造成的回波。因回波与主波信号的振幅及时延不同，回波叠加在主波信号之上产生干扰，这就是回波干扰噪声。中频系统因中频电缆插头连接处不匹配也会产生回波干扰。

2. 交叉极化干扰

为了提高高频信道频谱利用率，用同一个射频的两种正交极化波去携带不同波道的信息，这就是同频再用（交叉极化）方案。但因种种原因，这种同频的两个交叉极化波会彼此间产生耦合，从而形成干扰。例如，天线馈线系统本身性能不完善及电波的多径传播等，都是造成交叉极化干扰的原因。

3. 收发干扰

同一个微波站对某个通信方向的收信和发信通常共用一副天线。这样，发信支路的电波就可能通过馈线系统的收发共用器件（也可能通过天线端的反射）进入收信机，形成收信支路的干扰。这种干扰与微波射频频率配置方案有关，与收发射频的频率间隔及收信系统的滤波特性关系较大。

4. 邻近波道干扰

当多波道工作时，发送端或接收端各波道的射频频率应有一定的间隔，否则就会造成邻近波道干扰。2 GHz 的 34 Mb/s 的数字微波设备波道间隔为 29 MHz；6 GHz 的 140 Mb/s 的数字微波设备波道间隔为 40 MHz。

若波道间的频率相关性较小，很可能会出现下述情况：本波道的主波信号有深度衰落，邻近波道（干扰波）没有衰落。为了保证这种情况下所需要的信噪比，就应考虑当发生深度衰落时，收发信的滤波器必须具有足够的抑制邻近波道干扰的能力。这里所指的滤波器包括收发信微波滤波器、分路系统滤波器和收信机中频滤波器。

5. 天线系统的同频干扰

天线间的耦合会产生天线系统的多种干扰，最常见的就是同频干扰。同频干扰包括：向前方传播的一部分电波，绕过本发信天线而到后方形成的前—背干扰；同路径同频干扰、不同路径同频干扰、分支线路造成的同频干扰；越过两个中继站形成的越站干扰；等等。

第三节　数字微波通信技术应用研究

微波通信技术不仅能够传输电话信号，还能够传输数据信号和图像信号，在通信领域应用十分广泛。随着社会和科技的进一步发展，微波通信技术的发展和应用前景还将得到进一步的拓宽。因此，对数字微波通信技术的探索和研究还需要不断地推进。

一、数字微波通信技术在电视直播中的应用

（一）无线摄像机数字微波传输系统的工作原理

无线摄像机数字微波传输系统的工作原理，就是通过将音视频信号压缩、调制后发送到接收系统，经该系统解调制和解压缩还原为原信号，从而确保在不受电缆约束的情况下还原直播现场的真实状况。无线摄像机数字微波传输系统工作的整个过程，有两个比较关键的技术。

1. 编码正交频分复用（COFDM）调制技术

COFDM 调制技术将高速数据流分配到若干传输速率低的子通道中传输，从而解决了微波传输系统传输过程中的多径干扰问题。

2. 信源编码

信源编码以小波算法和动态图像专家组（MPEG）最为常用。MPEG 可以去除时间轴冗余资讯和帧内空间冗余资讯，因此具有很大的相容性，并且能节约传输带宽。相较于 MPEG，小波算法不存在大压缩比对应的块效应失真等问题，具有信号品质高和编码时延短等优点，因此近年来在无线摄像机数字微波传输系统中得到了广泛应用。

（二）无线摄像机数字微波传输系统的应用方式

1. 无线摄像机数字微波传输系统的基本应用方式

分集式信号接收机和微波发射单元是无线摄像机数字微波传输系统的两大设备。该系统体积较小且重量较轻，可以直接安装在电视摄像机上来扩大拍摄范围，脱离了电缆的约束，但在使用时，卫星通信设备和摄像设备的间隔距离要控制在几千米。近年来，我国广泛使用无线摄像机数字微波传输系统。

2. 结合信号中继系统的应用方式

在结合信号中继系统的应用方式中，摄像机通过微波发射机将信号传送给分集式接收机，然后经过信号中继器解调和再调制后输出信号 [中继系统一般要放置在地势较高且无遮挡的地方（如车顶、楼顶），来确保中继转发

能力]。结合信号中继系统的应用方式比较适用于传输距离较远的音视频现场报道，如方程式赛车的直播现场，在赛车中放置微波发射机和小型摄像机，在赛场附近较高且无遮挡的地方（如楼顶）放置信号中继系统，就可以将拍摄到的车内实况通过中继系统转发给演播室，让观众充分感受到赛场的紧张气氛。

3. 结合光纤延伸单元的应用方式

结合光纤延伸单元的应用方式一般在拍摄现场附近布置固定单元（相连接的移动单元与天线和下变频器），在固定单元上连接光纤并经分集信号接收机对音视频信号进行重建，从而极大地延伸传输距离（最大可延伸至 30 km）。例如，在"两会"报道时，现场摄像人员可以将拍摄好的音视频信号传输给附近架设的微波天线，将音视频信号通过光纤传输回演播室，从而扩大现场摄像人员的活动范围。

4. 结合摄像机反向控制单元的应用方式

结合摄像机反向控制单元的应用方式通过接入摄像机反向控制单元来实现双向通信。演播室内的技术人员可以通过控制操作面板来远程控制现场摄像机，这样可以提高后方音视频编辑人员对前方摄像人员的远程控制能力，提高所得音视频的质感。

二、数字微波传输在广播电视中的应用

目前，数字微波传输技术开始广泛地应用于广播电视数字信号的传输。通过数字化的信号传输，提高了广播电视信号的传播质量。

（一）数字化传输优势

1. 连续处理次数对信号杂波比的影响

电视信号进行数字化信号传播的过程其实就是一种信息数字化的转变过程。一般使用二进制电平对数字化信号进行标识，但是由于处理具有连续性，在传输中必然会夹杂一些杂波信号。如果杂波幅度在电平额定值以下，那么可以通过信号再生将杂波去掉；如果杂波幅度在电平额定值以上，那么杂波

就会使数字信号产生误码，这种误码只能通过纠错编码解码技术才能予以消除。所以，信号传输并不会对信噪比造成影响。在进行模拟信号的传输时，为了保证不会产生新的杂波干扰，确保信噪比足够，对于设备的要求就需要相应地提高。

2. 频道利用率较高

微波传输技术通过量化及抽样对模拟信号进行处理，使之转变为数字信号，继而通过取样的方式删除压缩编码中的冗余信息，利用一定的压缩比对信号的频带进行压缩，将信号进行调制，使之叠加在载波上，从而提高信号的频谱利用率。该项技术是目前应用最为广泛的数字压缩技术，在当前广播电视数字信号传播中得到了广泛的肯定。

3. 提高了图像质量及信号的干扰性

要保证信息传输质量，需要在传输过程中对数字信号进行存储、滤波，并通过有效的再生中继技术，降低噪声对传输信号的影响，改善信噪比，保证电视广播信号传输中的亮度干扰不会产生过大的影响。无论是从消除干扰、保证信息的原生态角度分析，还是从传输图像质量角度分析，数字电视信号都远远优于模拟电视信号。

4. 便于信号存储

大规模集成电路是目前电子技术及数字化网络发展的基础，而半导体存储器使得电视信号可以多帧存储，这种效果若使用模拟技术是无法达到的。例如，存储器可以全面实现制式转换及帧同步，从而丰富了电视图像特技效果。

（二）数字改造在干线微波中的应用

1. 调频模拟微波设备、数字微波收发信设备

调频模拟微波设备和数字微波收发信设备具有相同的工作原理：在中频信号调制中都使用 70 MHz 中频调制器，通过对信号进行上调，达到微波频率后进行传输。但是在微波传输中，调频模拟微波设备还具有限幅中放的环节，而数字微波收发信设备就免去了这一环节。对原理进行分析后我们可以

发现，二者原理基本一致，且使用的都是固态化的微波设备。原有的行波管被现在的线性放大器及几何效应器取代，从而推动了现代化的数字微波传输技术的发展。

2. 实际应用问题

（1）频率稳定度方面遇到的问题。中频调频调制是模拟微波进行信号传输的主要方法，微波介质稳频设备是主要的变频本振设备，稳频度数量级最大可以达到 10^{-4}。而在数字信号的传输中，电视信号主要通过数字微波传输，即采用中频数字调制，通过数字压缩技术对电视信号进行压缩，继而通过信号的调制将信号变至微波频率，从而进行信号的传输。这种信号传输需要发射器具有较高的线性指标，并且在微波本振源的要求上，所要求的频率稳定度较高，其稳频度数量级应当大于 10^{-6}。此外稳频技术大多为双重稳频技术，即介质稳频 + 锁相稳频，从而达到规定的要求。

（2）相位噪声方面遇到的问题。模拟微波传输主要使用调频的调制方式，因而在系统相位噪声上没有太高的要求。但是，数字微波传输主要采用相干解调的方式及四相移相键控（QPSK）调制的方式进行电视信号的传输，所以在相位噪声的要求上需要小于 −70 dBc/Hz。线性功率放大器在实际应用中遇到问题时，如实际应用中要求信号的调频模拟功放区域在非线性区域，那么在一开始的变频器上还会增加一个限幅放大设备，从而保证发射机的工作质量。

（3）利用数字化传输进行信道传输。在经过中继站的转播后，为了保证信号中不累积噪声，提高节目信号的传输质量，消除传输距离的影响，中频调制主要采用 QPSK 调制的方式，解调则采用同步相干的方式。虽然该种方式可能会产生一定的噪声累积，但是这种噪声累积不会影响信号的传输质量。

在扩容升级中，改造方案能够快速便捷地进行升级，那么压缩编码码率变化时，广播电视的节目传输容量便可以根据其改变而改变，具有较大的灵活性。

三、数字微波通信技术应用前景

由于微波传输具有其他通信方式所不具备的一些优点，并且应用场合丰富，因此即使面临诸多挑战，数字微波通信技术在未来通信技术发展的道路上仍有较为广阔的发展前景。

（一）宽带无线接入

宽带无线接入是未来高速数据业务通信的重要技术之一，是一种快捷方便的通信技术，因而得到了越来越广泛的应用。可以预见，在愈发激烈的高速数据业务竞争中，宽带无线接入将得到重视并得到大力的发展。

工作在 26 ～ 28 GHz 微波频段的本地多点分配业务（LMDS）是宽带无线接入的代表。与光纤通信和卫星通信相比，LMDS 技术建设耗费成本低，启动快速，在较短的时间内就可以完成组网，且不需要过多的维护，维护成本较低，因此 LMDS 被人们称为无线光纤。该技术已在欧美一些发达国家广泛运用，可以预见其在我国的发展前景广阔。

（二）三网融合

三网融合是指电信网、广播电视网、互联网向宽带通信网、数字电视网、下一代互联网演进，三大网络通过技术改造，其技术功能趋于一致，业务范围趋于相同，网络互联互通、资源共享，能为用户提供语音、数据和广播电视等多种服务。

微波传输技术在 20 世纪 80 年代主要应用于广播电视的无线传输，国家建设了大量覆盖范围广阔的广播电视无线微波传输网。现在看来，这些只应用于广播电视的传输网络是对微波资源的一种极大的浪费。在三网融合的趋势下，微波传输需要积极进行改革，在原有已建设的广播电视网的基础上进行业务升级，为用户提供大量专线业务，提供异步传输方式（ATM）、时分多路复用（TDM）及以太网业务接入功能等。利用数字微波传输技术进行数字广播电视组网，实现移动终端的低成本覆盖，降低移动网络终端资费，等等。总之，数字微波传输在三网融合中将积极发挥自己的优势，拥有广阔的前景。

（三）传输网中补充光纤通信

传统微波传输速率低、业务单一，无法满足网络建设的需求。但随着数字微波技术的发展，演进出 Gbps 级的传输容量、丰富的业务接口、完善的操作维护管理（OAM）功能、强大的抗干扰性能，微波传输已经成为传输网络中光纤的重要补充和替代。

分组微波实现了多协议标记交换（IP/MPLS）和 MPLS 传输配置文件（MPLS-TP）共平台，可提供灵活、丰富的解决方案。目前 1 Gbps 以上的传输速率完全满足网络对传输通道的带宽要求。分组微波对以太网时钟同步和 1588v2 时间同步的支持，满足移动网络中各种制式基站对时钟的苛刻要求。分组微波普遍具有完善的 OAM，类似于 SDH 网络的优秀管理特性，可实现电信级的网络故障自动检测、保护倒换、性能监控、故障定位等功能。并且普遍支持微波与光传输设备共网管监控，免除了新网管平台的建立和维护投入。

（四）助力长期演进技术（LTE）部署

自长期演进牌照颁发以来，中国移动网络的建设势如潮水。在当前的网络建设中，光传输仍是主要手段，而值得关注的是，微波传输，尤其是新一代分组微波，再一次进入电信运营商的视野，而且有不俗的表现。

在 LTE 建设中，中小型站的建设是未来网络优化和整合的重点，相比宏站建设，小站（small cell）所占的比重将越来越大。随着网络建设向纵深发展，对热点数据地区的扩容和对城郊地区的补盲，以及在 LTE 基站之下的小站建设将成为部署重点，而小站的部署将对回传网络的建设提出更加灵活、快捷的要求。基于此，数字微波通信就能很好地满足短距离、较大容量、快速接入的小站组网需求。LTE 基站回传网络采用全 IP 分组，推动传输设备的 IP 化，IP 业务也逐渐由分组传送网（PTN）承载。PTN 的建设首选光纤接入，并得到了不断完善，但是仍面临着管线资源少、特殊地理条件铺设困难、机房占用空间小、电源消耗大等诸多难题，尤其是优先部署在热点地区的情况下，光纤铺设很多时候更是举步维艰。而数字微波则可以通过对微波接入基站进行改造升级从而满足 LTE 的业务需求，并且在以 LTE 基站为重点，基站距离近的背景下能够很好地继续发挥自己的优势。其具备的部署灵活、建站迅速、维护简单的特点，完美地解决了快速部署 LTE 所遇到的问题，受到运营商青睐。

如今，微波传输产品尤其是分组微波产品，借助其越来越丰富的业务接口、快捷高效的部署模式、灵活多变的组网形态、强大完善的管理调度等优势，并随着其不断提升的传输带宽和抗干扰性能力，正成为当下电信运营商持续推进的网络建设浪潮中的新宠。

第四章　智能建筑控制技术

第一节　智能化楼宇技术

随着经济的不断发展和科技的不断进步，数字化技术已经逐渐应用到生活的各个方面，计算机的应用呈现出较多的用途和较大的便利性。智能建筑中的网络通信技术就是在这样的背景下产生并逐渐发展起来的。它将数字技术逐渐应用到实际的工作中，通过智能化的设备对技术进行统一使用，实现楼宇间的智能连通和相互流通，做到自动化沟通，促进智能化楼宇的发展，进而使生活更便捷。

一、智能楼宇的分级

关于智能建筑有若干具有争议性的内容，如怎样去量化描述智能建筑的智能等级，来规范一些商业行为，使房地产发展商、建造商、物业管理商和用户对智能建筑的功能和标准产生共识，因此制定有关的评价等级体系是十分必要的。

智能楼宇系统的网络通信技术是智能建筑中最基本和最重要的组成部分，即通过计算机及其网络技术、自动化控制技术和通信技术构建高度自动化的综合管理和控制系统，将建筑区域内的各种设备连接到一个控制网络上。这些设备包括空调、动力、照明、电梯、消防设备、安防设备等。我们通过网络对其进行数据读取、综合控制。智能建筑的智能等级主要根据建筑物内智能化子系统设置的内容和设备的功能水平来确定。

就目前来讲，智能建筑的核心可归纳为 5A 系统 [楼宇自动化（BA）、办公自动化（OA）、通信自动化（CA）、保安自动化（SA）、消防自动化（FA）] ＋综合布线系统（generic cabling system, GCS）＋建筑物管理系统（building management system, BMS）。

OA 系统实质上是利用计算机多媒体技术，提供集文字、声音、图像于一体的图文式办公手段。它为各种行政、经营的管理、决策提供统计、规划、预测支持，实现信息资源共享和高效的业务处理。OA 系统在政府部门，以及金融、科研、教育等行业及部门中起着非常重要的作用。智能建筑中的 OA 系统由智能建筑用户使用的 OA 公共系统和物业管理公司的内部事务处理 OA 系统两部分组成。

BA 系统是通过中央计算机系统网络，以分层分布式控制结构来完成对建筑物内的设备的集中操作管理和分散控制，并使这些设备处于高效、节能的运行状态的综合监控系统。空调、给排水、冷热源、变配电、照明、电梯、停车库等设备都是 BA 系统的监控对象。

GCS 采用光纤、双绞铜缆、同轴电缆布置在建筑物的垂直管井和水平线槽内，通向各楼层，直到每一个设备（信息）终端，以提供信息通道。5A 系统的信号理论上都可以由 GCS 互联沟通，故 GCS 也叫智能建筑的神经系统。

BMS 是对建筑设备进行自动化管理的计算机系统。它将 5A 系统以网络通信的方式纳入一个互相配合和高度协调的大系统，实现信息共享，也叫智能大厦管理系统（IBMS），或称为系统集成。

二、楼宇自动化系统（BAS）的对象环境

（一）BAS 的构成

广义的 BAS 将 SA、FA 包含其中，并由 7 个子部分组成：电力供应系统（高低压变配电、应急发电）、照明系统（工作照明、事故 / 艺术照明）、环境控制系统（空调及冷热源、通风监控、给排水、污水处理、卫生设备）、保安系统（防盗报警、电视监控、电子巡更、出入口门禁控制）、消防系统（自动监测与报警、灭火、排烟、联动控制）、交通运输系统（电梯、电动扶梯、停车场）、广播系统（事故广播、紧急广播）。

这些设备分散地分布在楼宇的各个部位及场所。BAS 使这些设备安全、

正常、高效地运行。

（二）BAS 的功能要求

（1）设备控制自动化：变配电设备及应急发电设备、照明设备、通风空调设备、给排水设备、电梯设备、停车场管理。

（2）设备管理自动化。

（3）防灾自动化：防火系统、防盗系统、防灾系统。

（4）能源管理自动化。

三、BAS 的软件功能

BAS 软件包含系统软件和分站软件。

（一）系统软件

BAS 软件的系统软件包含以下功能：系统操作管理，如访问 / 操作权限控制等；系统开发环境，向软件编制人员提供进行系统设计、应用的工具软件，能够进行新功能开发；对诸多设备进行多方式控制；警报的完善处理与应对功能及相关记录。

（二）分站软件

现场控制器使用分站软件，其主要功能有采集和处理数据、通信控制、程序控制、报警参数设置及整定。

四、智能楼宇供配电系统

大中型智能楼宇供配电系统多用 10 kV 高压交流电源供电，有时也采用 35 kV 高压交流电源供电。变压器容量大于 5 000 kVA 时，采用（至少）两个独立电源运行的方式，互为备用，同时必须装备发电机组。

一级负荷设备：消防控制室、消防水泵、电梯、防排烟设施、火灾自动报警设备、自动灭火设备、事故照明设备、报警设施、重要管理工作的计算机系统及通信设备。

二级负荷设备：客梯、生活供水泵。

三级负荷设备：空调、照明设备。

五、供配电监测系统

供配电监测系统的监测内容包括以下几点。

（1）各自动开关、短路器状态监测。

（2）三相电压、电流监测。

（3）有功功率、无功功率及功率因素监测。

（4）电网频率、谐波监测。

（5）用电量监测。

（6）主变压器工作状态监测。

（7）高次谐波对电气设备的运行很有害，应采取措施予以清除。

六、空调系统

（一）组成

空调系统由进风部分、空气过滤部分、空气的热湿处理部分、空气的输送和分配部分及冷热源部分组成。

（1）进风部分。一部分空气取自室外，叫作新风。进风部分将新风引入室内。

（2）空气过滤部分。新风经一次预过滤，滤除大颗粒尘埃。除了预过滤器，还有主过滤器（两级）。

（3）空气的热湿处理部分。该部分的功能是将空气加热、冷却、加湿、减湿。热湿处理设备分为直接接触式和表面式两种。

（4）空气的输送和分配部分。该部分使空间有合理的温度场和速度场。

（5）冷热源部分。空调系统具有冷却、加温两种能力，需有冷源和热源。制冷方法有空气膨胀制冷和液体汽化制冷。

（二）集中式、局部式空调

空调系统分为集中式、局部式（半集中式和全分散式）系统。以集中式系统和全分散式系统为例：集中式系统的所有风机、冷却器、加热／湿器、过滤器集中在一个空调机房内，此类系统将处理后的空气由风道送往各个需要进行空气调节的房间内；全分散式系统也叫局部式空调机组，此系统将热源、冷源、风机集中在一个箱体内，形成一个小体积系统，如窗式、柜式、壁挂式分体空调机均属此类。

（三）中央空调系统

智能楼宇主要采用中央空调系统（属于集中式空调系统），有专门的冷冻站和锅炉房分别产生冷源、热源，有专门的机房对空气进行处理。

中央空调系统无新风，全部使用回风来完成温度调节，所以也叫封闭式系统。其优点是节能，冷热源环节电耗小；缺点是空气质量不好。全部使用新风的系统叫直流式系统，直流式系统空气质量好但节能性能差，冷热源环节电耗较大。将新风和回风混合使用的系统叫混合式系统。

七、通风系统

通风系统是指完成通风、排风的设备和管道。通风方式分为局部通风方式和全面通风方式（稀释通风）。

一般来说，对于地下室、办公室、居室、厨房、浴室、厕所、盥洗室，我们要采取通风措施。送风口的位置要远离排风口的上风侧，选择较合适的地点。

我们应该因地制宜地选择风机控制方案。在风机的使用中，节能控制也是一个必须考虑的内容。在工业化国家，用于空气调节的电能消耗占国家总电耗的 20 ％ ～ 30 ％，因而适合使用变风量系统。

八、给排水自动控制系统

楼宇给排水系统由生活供水系统、中水系统、污水处理系统组成。生活供水系统由给水系统、饮用水系统、冷却水系统、热水系统和自动喷淋系统等组成。

（一）生活供水方式

楼宇的生活供水方式主要有两大类：高位水箱供水和恒压供水。

1. 高位水箱供水

楼宇自控系统对水泵运行状态及故障状态进行实时监测，采用备用泵—工作泵模式，防止部分水泵发生故障而影响楼宇供水。

高位水箱设置上限和下限水位开关，一旦水箱水位到达上限水位，自控系统就控制水泵停止供水或小流量供水。

当高位水箱水位到达下限水位时，系统给出报警信号，可通过自动或人工反应方式启动水泵供水。系统对水泵的运行参数和运行时间进行自动记录，为维修人员进行维护、维修提供数据。

2. 恒压供水

智能建筑的恒压供水系统大多采用变频调速环节。在供水系统中采用调速环节，可较大程度地减少供水系统的电能消耗，提高供水系统的自动化水平。恒压供水系统由压力传感器、变频器、供水水泵群组组成，系统中还有可编程控制器（PLC）组成的控制环节。

该系统采用压力反馈控制方式。压力传感器将供水管网中的水压信号检出并转换为电信号，进行放大处理后，与给定信号比较，净输入信号经模糊PID（Fuzzy-PID）运算，控制调节变频器的供电频率。由PLC对水泵群组进行时序控制、互锁控制、逻辑控制、节能控制和按给定的策略控制，并方便地进行工频与变频两种方式下的切换运行，实现供水管网水压调节。

除上述两类供水方式外，还有采用气压水箱供水的系统，此类系统的整体性能差一些。

3. 高位水箱供水与恒压供水的比较

高位水箱供水是一种传统有效的供水方式，对于大、中、小型建筑物，均能有效地正常供水，但水箱中的水易受二次污染。

恒压供水节能，自动化程度高，效率高，但水泵群组要长时间不停地运行，即使在夜间用水量很小时，也要消耗动力。由变频器、PLC等环节构成的恒压供水系统整体设备投资较大。

采用哪种方式为楼宇供水，应做较为严格的技术、经济比较分析，而后再做决定。

（二）排水系统

排水系统包括中水系统、污水处理系统。中水是指生活废水，与污水的排水管是分开的。中水先排入地下中水池，再排放到城市污水管网中。

排水系统包含中水池、污水池、泵组、水位控制和排放管网等环节。

排水自动控制系统包括以下环节：

（1）生活排水系统。内容有系统压力，水箱、水池水位控制，泵组的切换控制，水泵的调速运行，用水的计量等。

（2）热水系统。内容有温度、热媒消耗。

（3）循环冷却水系统。

（4）消防用水。

九、BAS 的传感器和执行器

BAS中许多现场被测物理量是由传感器将其转换为电量，再进行处理的。如果我们要将各种电量，如电压、电流、功率和频率转换为标准输出信号，就要使用电量变送器。

（一）传感器

BAS 主要使用以下种类的传感器。

（1）温度传感器，用于测量现场温度。安装形式有室内、室外、风管、浸没式、烟道式、表面式等。常见温度传感器元件有硅材料、镍热电阻、铂热电阻、热敏电阻，将这些元件接成电桥，一旦温度变化，电桥将检出电压量信号。

（2）湿度传感器，主要用于测量空气湿度。安装形式有室内、室外、风道式等。此类传感器如电容式湿度传感器，湿度变化引起其电容值变化，然后将变化信号送出。阻性疏松聚合物也是一种湿度传感器测量元件。

（3）压力传感器，分为波纹管式和弹簧管式。前者用于测量风道静压，后者用于测量水压、气压。

（4）差压传感器，使用双波纹管式差压传感器来测量空气、液体导管中的压差。可用于监测风机、过滤器的工作运行情况，并将其转换为 4 ～ 20 A 电流输出。

（5）空气质量传感器，测量空气中的一氧化碳（CO）含量并转换为 0 ～ 10 V 电压输出。

（6）电量变送器。

（二）执行器

执行器也叫执行机构。在自动控制系统中，执行器将接收到的来自控制器的控制信号转换为对应的位移，通过调节机构调节流入或流出的被控对象的摩尔质量或能量，实现对温度、流量、液位、压力、空气湿度等物理量的控制。

执行器可分为电动执行器、气动执行器及液动执行器。

电动执行器输入的信号有连续信号和断续信号两种。连续信号是 0 ～ 10 V 的直流电压信号和 4 ～ 20 mA 的直流电流信号；断续信号是离散的开关量信号。也可用电压为 24 V 的 50 Hz 交流同步电动机驱动电动执行器。

（1）电动调节阀，是一种流量调节机构，安装在管网管道中直接与被调节介质接触，对介质流量进行控制。电动调节阀分为电机驱动和电磁驱动两种形式。

（2）调节阀规格，如标称压力、流通能力、管径、最大允许压差、管道连接方式、流体温度等。

（三）电动风门

电动风门由风门和风门驱动器组成。风门驱动器控制风门旋转 90°，使其开启或关闭。风门驱动器采用同步电动机驱动，可使用 24 V 的直流电源或工频交流电源。

第二节　安防系统技术

一、安防系统介绍

安防系统也叫综合保安自动化系统，是建筑智能化中一个必不可少的子系统，也是确保人身、财产及信息资源安全的重要设备系统。

（一）安防系统的构成

安防系统按作用范围分为外部入侵保护、区域保护和特定目标保护。外部入侵保护主要是防止外来者非法进入建筑物；区域保护是对建筑物内外部某些重要区域进行保护；特定目标保护是指对一些特殊对象、特定区域进行监控保护。

安防系统由以下环节组成。

（1）防盗报警系统。该系统是对重要区域的出入口、财物及贵重物品储藏区域的周界及重要部位进行监视、报警的系统。该系统采用的探测器有人体活动监测器、振动探测器、玻璃破碎报警器、被动式红外线接收探测器及主被动发射—接收器等。

（2）闭路电视监控系统。采用闭路电视监控系统的电视摄像机对建筑物内重要部位的事态、人流等动态状况进行监视、控制，并对已经发生的监控过程进行客观视频记录。

（3）巡更系统。安保工作人员在建筑物相关区域建立巡更点，按规定路线进行巡逻检查，辅以电子装置，确保建筑物内外大尺度空间的安全。

（4）访问对讲环节。该环节适合高层及多层公寓、小区进行来访者管理，是保护住户安全的必备设施。

（5）出入口控制环节。该环节是在建筑物的出入口等重要部位的通道口安装门磁开关、电控锁或读卡机等控制装置，进行进出人员的控制。

（6）停车场管理系统。该系统对停车场、停车库的车辆出入进行控制、管理和计时收费。

（二）安防系统的发展

随着信息技术及其他相关科学技术的迅速发展，安防系统越来越先进，功能也越来越强大，体现在以下两方面。

（1）安防器件、设备的综合化和智能化。就目前的技术水平来说，各种安全防范设备的种类在增加，性能在持续不断地提高，无论是闭路电视监控系统、防盗报警器材，还是出入口控制和可视对讲系统，其功能综合化、信号处理智能化程度都越来越高。

各种安防设备在解决安防系统误报的问题上，都取得了很大的进展。使用多重探测和内置微处理器使设备智能化的程度得到提高，对各相关传感器信号进行综合逻辑判断、比较和分析，从而大幅度降低误报率。将计算机技术融入闭路电视监控系统，使监控主机与计算机相连，构成多媒体视频监控系统，大大增强其功能，而且具有防盗报警、消防联动、门禁控制的综合联动功能。

（2）数字化和网络化。监控系统的数字化是一个发展趋势。高品质的、智能化程度更高的全数字监控系统，已被广泛应用于机关单位、银行、宾馆、路口、工厂等重要的监控场所。安防系统的数字化是指信号采集、传输、处理、存储、显示等过程的数字化。

计算机网络的发展和监控系统的数字化同时促进了监控系统的网络化。一套监控系统不仅可以方便地与另一套监控系统互联成一个系统，而且可以很方便地就近接入局域网或互联网，将实时监控信息进行大范围、远距离传输并进行控制。通过计算机网络，一个部门或一个行业的诸多局部监控系统可互联成一个更大的监控系统，可以实现资源共享，节约投资，使各子系统有更高的性能。

二、防盗入侵报警系统

（1）磁控探测器（门磁开关）。这种探测器采用微动开关或磁控干簧管开关，安装在门窗或卷帘门处，进行探测报警。

（2）被动红外线探测器。这种探测器可感应人体热辐射。凡温度超过 0 K 的物体均发射红外线。温度不同，辐射波长不同，人体辐射的红外线波长为 10 μm 左右（远红外）。

被动红外线探测器又分为量子型和热型。量子型的响应速度较热型快，且对波长的灵敏度高，而热型的灵敏度与波长的关系不大。

焦电型红外线探测器有较高的灵敏度和较快的响应速度，用得最多。其通过 7 ～ 15 μm 的带通滤波器，屏蔽非人体光源的紫外线。

被动红外线探测器有立体型、平面型两种，一旦有人非法进入，立即触发报警装置。这种探测器不需要发射器，可探测立体空间。

（3）主动红外线探测器。主动红外线探测器分为室内主动红外线探测器和室外主动红外线探测器两种形式。室内主动红外线探测器工作范围为 80 ～ 250 m，室外主动红外线探测器工作范围为 0 ～ 200 m。主动红外线探测器可以用于大门通道出入管理、大厦出入口的监测管理，主要用于周界防范，如门窗、出入口等处的监控。

此装置所用红外线频率调制成某一特定频率，以防止入侵者使用红外光源欺瞒探测报警装置。

（4）反射式主动红外探测报警器。该装置集红外线发射环节与红外线接收环节于一体，来进行探测报警。一旦装置发出的红外线因入侵者的遮断而接收不到反射波，就会立即报警。

（5）微波防盗报警。微波可穿透非金属物质，而红外线只要被有形的物体遮挡，光束便会被遮断。微波防盗报警装置主要用来探测移动的入侵者。装置发出无线电波，同时接收反射波，当警戒探测区域有非法进入的移动物体时，发射波频率与人体反射波频率会有一段多普勒频移，通过检测便可判知有移动的入侵者。其发射波频率为 9.375 GHz 时，移动物体的移动速度为 0.5 ～ 0.8 m/s，频移范围为 31.25 ～ 520.00 Hz。安防系统也可以使用超声波移动物体探测器，根据移动物体对超声波进行反射产生的多普勒频移来探测入侵者。

（6）双鉴和三鉴探测器。双鉴探测器将红外线探头和微波探头组装在一起，由电子线路同时处理两个探头检测到的信号，比单功能探测器有更强的探测能力，并能够降低误报率。

将微波探测、被动式红外探头和主动式红外探测的传感元及探头组装成一台探测器，即三鉴探测器，它有更高的监测性能，误报率极低。

（7）动态分析红外线探测器。该探测器将红外线探测器与微处理器融为一体，能对信号进行动态分析，可以自检，对强热和强光不会报警。

（8）振动探测器。这种探测器可探测到不同寻常的振动、钻洞、开关或人体接近。将微处理器嵌入后，具备智能分析能力，可对破坏信号的频率、周期及振动强度等进行综合分析，判断是否报警。

（9）玻璃破碎探测器。这种探测器使用压电式拾音器，装在面对玻璃面的位置，对于高频的玻璃破碎声音进行有效检测。该探测器能进行振动传感，可以感应玻璃破碎时产生的特殊频率信号，但对风吹动窗户或行驶车辆产生的振动无反应。

目前，该探测器采用双探测技术，以降低误报率，只有同时探测到破裂产生的振动、音频、声响时才报警。

（10）周界报警器。该报警器安装在围墙、地层下，常使用以下两种传感器。

泄漏电缆传感器：将平行安装的两根泄漏电缆分别接到高频信号发生器和接收器上，将其埋入地下，入侵者进入探测区时，空间电磁场分布状态发生变化，使接收机收到的电磁能量产生变化，从而发出报警信号。

平行线周界传感器：这种传感器由多条平行导线组成。一部分平行线与 1 ～ 40 kHz 的信号发生器连接，称为场线，场线辐射电磁波；另一部分平行线与报警信号处理器相连，称为感应线，场线辐射在其上感应出感应电流。有入侵者时，感应电流变化，发出报警。

（11）光纤传感器。该传感器将光纤固定在周界围栏上，有移动物体跨越光缆时，压迫光缆，使光纤传输模式变化，发出报警。

三、视频监控系统

视频监控系统的发展大致经历了以下三个阶段。

（1）第一代视频监控系统，即以模拟设备为主的闭路电视监控系统。

（2）第二代视频监控系统，即以模拟输入与数字压缩、显示相结合的系统。核心设备是数字设备，称为数字视频监控系统。

（3）第三代视频监控系统。随着计算机网络传输速率的大幅度、跨越式提高，计算机处理能力更加强劲，数字系统及计算机存储器的存储容量迅速提高，各种更先进的视频信息技术不断发展，视频监控系统进入全数字化的网络时代，称为网络数字视频监控系统。第三代视频监控系统依托网络，以数字视频的压缩、传输、存储和播放为核心。

四、模拟视频监控系统

模拟视频监控系统技术已很成熟，应用也很广泛。典型的模拟视频监控系统一般由前端部分、传输系统、终端设备组成。前端部分指图像摄像部分，包括摄像机、镜头、云台、麦克风等；传输系统指物理传输电缆、光缆、射频等；终端设备包含操作盘、视频分配器、视频矩阵切换器、云台控制解码器、字符叠加器和显示设备等。系统中的摄像机是模拟摄像机，而不是数字摄像机。

（一）前端部分

前端部分由图像采集设备完成从目标景物到图像信息的转换。前端部分的性能直接决定了图像信号质量和整个系统的质量。我们需要将摄像机公开或隐蔽地安装在防范区，但因为需要长时间工作且环境变化无常，所以对摄像机有较高的性能和可靠性要求。

电视摄像机一般还配有自动光圈变焦镜头、多功能防护罩、电动云台及接口控制设备（解码器）。

（二）传输系统

传输系统的主要功能是将前端图像信息不失真地传送到终端设备，并将各种控制信号送往前端设备。该系统在近距离或特殊环境下使用同轴电缆基带传输。光纤具有的一些特殊性能，如频带宽、抗干扰性好和容量大等，使得光纤传输视频信息的性能更为优良，无中继的传输距离可达几十千米，而同轴电缆的无线中继传输距离仅为几百米。因此，远距离传输采用光纤传输。

（三）终端设备（控制、显示与记录）

控制系统是视频监控系统的指挥中枢，其任务是将前端设备送来的信号进行处理和显示，并同时向前端设备发送各种控制指令。终端设备主要有监视器、录像机、视频分配器、程序切换部分等。

尽管模拟视频系统在摄像技术、传输技术、显示技术、控制技术方面很成熟，在应用上达到了较高的水平，在已有的安防系统中起到了极为重要的作用，但它也存在一些欠缺，表现在以下几个方面。

（1）该系统通常适合小范围的区域监控，因为有线模拟视频信号传输距离有限。

（2）该系统布线工程量大，系统扩展能力不好。在已建成的监控系统中接入新监控点，工作量太大。

（3）该系统由于采用录像机作存储工具，采用磁带作存储介质，记录信息量有限，磁带损坏率高，重放的音像质量不高。

随着数字技术的发展，图像编码、解码技术及标准的改进，以及相应的数字化模块、芯片技术的发展，数字视频监控系统迅速发展起来。

五、闭路电视（模拟式）监控系统

闭路电视监控系统是安全防范系统的一个重要组成部分，可以通过遥控摄像机及其辅助设备（云台、镜头）直接观看被监控区域发生的情况，将被监控区域的视频流信息、语音信息同时传送到监控中心实时监控。闭路电视监控系统还可以与防盗报警子系统联动运行。它在整个安全技术防范体系中具有极为重要的作用，可以记录被监控区域的图像和声音，为事件处理提供重要依据。

（一）系统组成

闭路电视监控系统主要由前端（摄像）设备、传输系统与终端（显示与记录）设备三个主要部分组成，并具有对图像信号进行分配、切换、存储、处理、还原等的功能。

（1）前端设备。前端设备的主要任务是获取被监控区域的视频流信息、语音信息。其主要包括各种摄像机及其配套设备，需安装在被监控区域内。因为摄像机需长时间不间断地工作，加之使用环境有时很恶劣，如处于有风、沙、雨、雷的环境及无规律的高、低温条件下，所以前端设备应有较高的性能和可靠性。

作为前端设备的电视摄像机有黑白和彩色之分。黑白电视摄像机的灵敏度、清晰度较高，价格便宜，安装调试方便；彩色电视摄像机除传送亮度信号外，还能传送彩色信息，因此能全面地反映现场景物的图像和色彩，但其灵敏度、清晰度比较低，技术复杂程度要高一些。安防系统中闭路电视监控系统对灵敏度和清晰度的要求较高，因此目前国内大多数电视监控系统仍采用黑白电视摄像机。

（2）传输系统。传输系统的主要功能是将前端设备提供的视频图像信息不失真地传送到终端设备，并将控制中心的各种指令传送到前端设备。根据监控系统的传输距离、信息容量和功能要求的不同，主要使用无线传输和有线传输两种方式。当前主要采用有线传输方式。有线传输方式中的传输媒质是电话线、同轴电缆和光纤。由于光纤具有容量大、频带宽、抗干扰性能好等优点，目前较大型的电视监控系统多采用光纤作为传输媒介。

（3）终端设备。终端设备指进行控制、显示与记录的设备。它的主要任务是将前端设备送来的各种信息进行处理和显示，并根据需要，向前端设备发出各种指令，由中心控制室进行集中控制。终端设备包括监视器、录像机、录音机、视频分配器、控制切换设备、时序切换装置、时间信号发生器、同步信号发生器及其他一些配套控制设备等。

闭路电视监控系统的规模根据被监控区域的大小和被监控对象的多少来确定，系统的大小由摄像机数量的多少来确定。

（二）摄像机

在技术防范中，摄像机用来定点或流动监视，同时进行图像取证，因而要求摄像机各个部件体积小、重量轻，易于安装和隐蔽、伪装，系统操作简便，调整部位少。摄像机的型号和安装方式是影响整个系统作用发挥的重要因素。下面是摄像机的基本分类，供用户在选择时做参考。

1. 按性能进行分类

（1）普通摄像机，工作在室内正常照明或室外白天的情况下。

（2）暗光摄像机，工作于室内无正常照明的环境里。

（3）微光摄像机，工作于室外月光或星光下。

（4）红外摄像机，工作于室外无照明的场所。

2. 按功能进行分类

（1）视频报警摄像机，在监视范围内如有目标移动，向控制器发出报警信号。

（2）广角摄像机，用于监视大范围的场所。

（3）针孔摄像机，用于隐蔽监视局部范围。

3. 按使用环境进行分类

（1）室内摄像机，摄像机外部无防护装置，对使用环境有要求。

（2）室外摄像机，摄像机外部有防护罩，内设降温风扇、遮阳罩、加热器、雨刷等，以适应室外温湿度等环境的变化。

4. 按结构组成进行分类

（1）固定式摄像机，监视固定目标。

（2）可旋转式摄像机，即带旋转云台的摄像机，可上下左右旋转。

（3）球形摄像机，可做360°水平旋转、90°垂直旋转，需预置旋转位置。

（4）半球形摄像机，吸顶安装，可上下左右旋转。

5. 按图像颜色进行分类

（1）黑白摄像机，灵敏度和清晰度高，但不能显示图像颜色。

（2）彩色摄像机，能显示图像颜色，但灵敏度和清晰度都比黑白摄像机差。

（三）闭路电视监控系统的设计

合理、经济是闭路电视监控系统设计的基本要求。闭路电视监控系统应根据建筑物安全技术防范要求，对被监控的场所、部位、通道等进行有效监视，并具有报警和图像复核功能。系统的画面显示可以任意编号，能自动或手动切换。系统应能够与入侵报警系统联动，发生报警时，能自动对报警现场的图像和声音进行复核，并且能够自动显示和记录。另外，该系统可以方便地与监控中心联网，主要控制室能对闭路电视监控系统进行集中控制和管理。

1. 闭路电视监控系统设计主要内容

闭路电视监控系统设计主要内容包括：摄像机及配套设备的布置、摄像机镜头的选择和监视器的选用、主要设备的选型、信号传输方式的选择、线路布置、系统的接地和安全等。摄像机是系统的核心部分，摄像机的选用是很重要的，要根据工作环境条件的要求来确定。通常，我们在设计一个系统时，首先要根据具体工作环境选用摄像机，进而选用镜头。

（1）被监控对象有些是固定不动的，有的则是变动的。对于固定不动的被监控目标，摄像机选用固定焦距的镜头。焦距 $f=aL/H$，此处的 a 表示成像高度（mm），L 表示物距，H 表示靶面高度（mm）。一般来说，有一定空间范围的被监控现场，均有宏观和微观的监控要求，应采用变焦镜头和遥控云台。

闭路电视监控系统的工作环境条件差异极大，应根据具体环境及工作条件选择具有耐高温、耐低温、防雨、防尘等性能的系统，特殊场合还要有防爆、防水、耐腐蚀等性能。

（2）监视器的选择。彩色摄像机配用彩色监视器，黑白摄像机配用黑白监视器。我们选择监视器时，要根据摄像机的清晰度来确定监视器的清晰度。清晰度要求不高的系统可以选用接收／监视两用机；如果对清晰度要求较高，要配置专用监视器。普通电视机也可以用作监视器，但清晰度较监视器低。

（3）其他设备配置。摄像机和监视器是闭路电视监控系统的必备设备，此外还要配置控制器、信号切换器和视频分配器，才能组成一个完整的系统。

控制器的功能是对摄像机进行遥控操作，包含以下一些基本控制：光圈大小、聚焦远近、焦距长短、云台左右上下转动、摄像机电源通断等。

信号切换器就是视频开关，它和控制器组合在一起构成系统的控制中枢。功能是在 n 路输入视频信号中选择其中的某一路输出到监视器。

视频分配器是一种基本通用设备，它将一路输入信号变换成多路输出信号。

2. 视频选切和控制要求的组合

闭路电视监控系统设计的主要技术要求之一，是视频选切和控制要求的搭配。基本的系统搭配方案是将多个摄像机编成一组，任何时候只选通一路摄像机的图像送到监视器，并且仅对被选通的摄像机进行动作遥控。

当摄像机与闭路电视监控系统中心控制室的距离较远时，为进行补偿，视频电缆就需要在线路中接入电缆补偿器。传输黑白电视信号的距离超过400 m时，需加补偿器；传输彩色视频信号时，超过200 m就需要配置补偿器。补偿器要按线路的实际长度进行调整，避免"欠校正"（补偿不足）或"过校正"，影响图像播放的质量。

3. 系统的信号传输方式选择及线路布置

闭路电视监控系统含有多台摄像机传送过来的视频流信息，多路信号可以以不同的方式传输，并可以同时显示。视频流信息的传输方式分为有线传输和无线传输。我国闭路电视监控系统中视频信号的传输采用有线传输方式。无线传输方式可为有线传输方式提供很好的补充。有线传输方式又可分为同轴电缆传输、平衡电缆传输、低载波调频传输、共用天线传输、光缆传输、综合布线系统的对绞电缆传输。

我国闭路电视监控系统电视信号传输的距离较短，为几十米到几千米。传输距离不超过 1 km，用同轴电缆传输；传输距离超过 1 km，应使用光缆传输。采用结构化布线系统的智能建筑大多采用对绞电缆传输。

传输线路路由应做到短捷，安全可靠，施工维护方便，避开恶劣环境或易使管线损伤的地段，不宜与其他管线或障碍物交叉跨越。由于视频频带较宽，同轴电缆在传输中易受到各种干扰，从而影响视频图像质量。常见的干扰主要来自工频交流电源和中波广播电台。传输电缆设置不当，如传输电缆与交流电源线平行敷设，也将产生干扰。设计时应充分考虑各种可能的干扰，并采取相应措施。在设计布线时，要避免视频电缆与电源线并行布线，且以远离电源为佳。视频电缆与电力线平行或交叉敷设时，间距不小于 0.3 m；视频电缆与通信线平行或交叉敷设时，间距不小于 0.1 m。

六、数字视频监控系统

数字视频监控系统以计算机为核心，以数字视频处理技术为基础，应用图像数据压缩的国际标准，综合利用图像传感器、计算机网络、人工智能及控制技术，是一种新型监控系统。数字视频监控系统应用的图像数据压缩的国际标准主要有静止图像压缩标准、动态图像压缩标准等。

数字视频监控系统将摄像机获得的模拟视频信号转变为数字视频信号，或直接由数字摄像机输出数字视频信号，可同时在显示器上显示多路动态图像，并将图像压缩后存储在计算机硬盘上，从而方便在互联网上传输这些图像文件。在实时情况下，每路信号在监视、记录、回放时，均能达到 25 帧 / 秒的动态图像效果。

数字视频监控系统的功能涵盖传统闭路电视监控系统的所有功能，除此之外，还具有远程视频传输与回放、结构化的视频数据存储等功能。

尽管数字视频监控系统与传统的模拟系统相比有巨大的优势，但其处理的数据量大，占用频率资源多，实用性受到了影响。因此，科技人员要对数字视频信号进行有效压缩，使具有这方面功能的模块芯片技术更成熟，价格更低廉，使其在通信和存储方面的经济成本能够与模拟系统相近，只有这样，数字视频监控系统才能获得更广泛和深入的应用。

数字电视、高清晰度电视（HDTV）技术的发展，与之相关的各种数字视频技术的迅速发展，相应技术标准的陆续制定，以及相关的专用芯片、存储与处理数据的设备性能的提高，也促进了视频监控系统的进一步发展。

（一）数字视频监控系统的组成

数字视频监控系统主要由摄像与处理、控制计算机和硬盘录像机（数字视频录音机）三个部分构成。

目前，大部分数字视频监控系统还是通过图像采集卡将模拟摄像机传输过来的模拟视频图像转换为数字视频图像，但也有部分系统采用数字摄像机，形成了全数字视频监控系统。数字摄像机直接传输经过压缩编码的数字化视频图像流，通过网络将视频流传输到计算机中。

（1）数字监控计算机主机。数字视频监控系统若采用电荷耦合器件（CCD）模拟摄像机，则要首先经过视频接口及处理模块，按顺序从多路输入中选择一路进行 A/D 转换，然后再压缩成 MPEG 格式，标注数据后存储。若直接使用数字摄像机，则输出视频数据流直接送往主计算机。

（2）切换控制板块。此环节由软件来控制摄像机输入图像的切换。

（3）连接与远程传输。数字视频监控系统的监控计算机主机相当于一个网络视频服务器。由于局域网与互联网连接非常便捷，且随着宽带接入网技术的发展，带有 IP 地址的 LAN 接口摄像机、编解码器、磁盘录像机的出现，数字视频监控系统的视频信息通过网络远程传输变得非常方便。

我们可将相关的数字视频监控系统连接为一个视频信息网，并建立一个有较大存储空间且具有 IP 地址的视频网站，通过网络或路由器与之互联。传统的模拟摄像机录制的视频信息，只有通过编码器处理后，才能被传送到网络上进行传输。

（二）数字视频录像机（DVR）

数字视频录像机是数字视频监控系统的一个重要组成部分。近年来，数字视频录像机迅速普及。DVR 以工控机或 PC 机作为工作平台，由于视频数据量大，可采用软件及硬件压缩视频数据流。采用软件压缩，对计算机性能要求较高；采用硬件压缩，可减轻中央处理器的负担，由软件系统控制视频流的存取、播放。

系统部分主要功能：预览功能，可同时实现 1、2×2、3×3、4×4 路实时视频图像预览；录像功能，最大可实现 16 路实时录像，录像方式有正常录像、动态录像、定时录像。

DVR 的视频图像可方便地进行远程传输，可通过局域网、互联网、电话线进行远程监控。

（三）IP 摄像机

IP 摄像机内置 IP 服务器，可直接连入网络，其视频流数据格式有 M-JPEG、H.264、MPEG-1、MPEG-2、MPEG-4 等。H.264 标准（动态图像压缩标准，H.26x 系列之一）利用动态图像相邻帧间有很大的相关性这一特点，对相邻帧存储仅保留变动部分的数据，以此来提高压缩率。MPEG-1（动态图像压缩标准）对视频流数据进行压缩时，还包含音频数据。MPEG-2 标准是对 MPEG-1 标准的改进。MPEG-4 采用了小波压缩技术，使压缩率进一步提高，同时提高了图像清晰度，该标准更适合视频流数据在互联网环境下的传输及应用。

使用 IP 摄像机可以在网络上传输视频流数据和音频流数据。IP 摄像机的 IP 地址确定后，可在全球互联网上的任意一个位置使用 IE 浏览器（或 Netscape 浏览器）调阅 IP 摄像机摄制的视频图像，还可以让多个相距遥远的用户同时调阅浏览相同的视频图像信息，视频图像的播放速度可达 25 帧/秒。

IP 摄像机内置的低速数据格式，支持 RJ45、异步传输标准接口（RS-232）、平衡电压数字接口电路的电气特性（RS-422）、RS-485，传输速率为 1.2 ～ 115.2 kbps，可用来控制云台和镜头。

IP 摄像机硬件组成包括 32 位的精简指令集计算机（RISC）嵌入式处理

器、闪存存储器、随机存储器（RAM，可存储多达 500 帧的视频图像），还有内置 Web 服务器。

IP 摄像机将模拟信号转换为基于传输控制协议 / 互联网协议（TCP/IP）网络标准的数据包，可通过 RJ45 将视频流数据传送至网络中，实现即插即看。它不需要专用的监控主机，直接接入 LAN 或接入 Internet 就能实现本地监控或远程监控。IP 摄像机系统由 CCD 摄像头、计算机、视频捕捉卡、网卡、操作系统、专用软件支持系统组成。

IP 摄像机作为视频监控系统的一个组成部分，使视频监控系统的远程监控功能大大增强。

（四）数字视频监控系统

数字视频监控系统将拍摄到的图像信息转换成数字信息存储在计算机硬盘中，系统由摄像头和一台高配置的计算机组成。录像时间可达几千个小时，并具有定时录像、网上监控、防盗报警等综合功能。

数字视频监控系统由视频控制系统（video control system, VCS）、监控管理器、数字记录系统（digital recording system, DRS）组成。视频控制系统的特点包括：数字化、全自动、无人值守；用一台电脑取代了原来模拟电视监视系统的视频切换器、控制器、录像机、监视器等多种设备；图像质量高；存储量大，硬盘总容量可超过 200 GB；检索图像方便快速；可存储报警信号发出前后的画面；具有图像压缩功能，采用静止图像压缩标准（JPEG）格式，压缩比可以在 2 ～ 1 000 范围内选择；所有画面可以通过网络传输；采用视窗操作界面，操作简便；数字化图像抗干扰性能强；可以同步录制 4 路或 16 路摄像机的图像；重放图像质量高；系统受到意外中断时，可以自动恢复。

全数字视频监控系统采用数字摄像机，图像质量好，使用电子变焦技术，通过串行通信口进行远距离参数设定。

数字录像存储设备的监控系统设置一台系统主控制器和多台系统分控制器、多台摄像机和多台监视器。在系统主控制器不工作时，分控制器按优先级别自动接替主控制器的系统通信管理工作，使系统继续正常工作。系统具有现场编程功能，可灵活设置各分控制器的控制操作范围、报警后的联动动作等。现场摄像机的云台控制具有自动线扫、面扫、定点寻位功能，为操作员快速寻找重点监视部位提供强有力的手段，并具有报警后自动开机和自动寻找预定监视部位的功能。该监控系统以口令方式进入系统操作状态，防止非操作人员非法使用。

数字视频监控系统的优点包括以下几点。

（1）图像存储方式得到改进。与传统的闭路电视监控系统相比，数字视频监控系统不需要使用录像带，录像内容直接存储在硬盘或光盘内，连续录像时间长。采用 MPEG-3 图像压缩技术，将视频流数据压缩后，以数字信号的格式存储到计算机硬盘中。通常 1.2 GB 的硬盘可以存储一个月的录像内容。如果监视场所的视频图像幅面、内容变化不大，那么录像的时间更长。例如，某住宅小区的出入口安装了一台数字视频监控系统，连续监视录制了两个月的内容，也才占用了 3 GB 的存储容量，而数字监控录像机配置的硬盘容量通常在 40 GB 以上。

（2）使用方便。数字视频监控系统检索操作简便，对于图像切换、现场设备的遥控，均可通过键盘输入命令来实现。每一条监控回路的切换顺序和切换时间间隔可预先编程。

（3）图像传送方便。操作者使用数字监控录像机时，任意图像均可以通过多种方式（电子邮件、传真、软盘、硬盘、电话网、局域网、互联网等）发送到任何地方，可以通过电话线或计算机网络传输视频图像，且远距离传输时质量不会下降。

（4）自动报警功能。传统的录像机是不能识别视频图像内容的。而数字监控录像机的智能录像技术可以自动识别每帧视频图像的差别，利用这一点可以实现自动报警功能。操作员可以在被监视的画面之中设立自动报警区域（如房间的保险柜、窗户、金库门区域等），当自动报警区域的画面发生变化时（表示此时有人进入自动报警区域），数字监控录像机自动报警。

（5）远程监控。操作者使用数字视频监控系统，在世界上的任何一个能够接入互联网的位置，使用任何一台计算机，都可以调用或查看被监视现场的图像。

（6）寿命长。数字视频监控系统使用的硬盘寿命较长，一般正常使用的寿命长达几年。

（7）全方位监控。该系统能够实现多路控制，在控制室对多个摄像点图像进行遥控切换，利用互联网，可监视任何一部摄像机的内容。而传统的监控系统只有在中央监控室才能看到全部的监控内容。

（8）易装易用。传统的闭路电视监控系统的每一个监控回路，都需要十几根控制线来实现对前端设备的遥控，而数字视频监控系统采用串行传输，只要两根电话线（双绞线）就能将指令传达至前端设备，无须安装就可以使用。后者采用视窗方式、全中文屏幕，操作简单且人性化。

（9）配置灵活。系统的软硬件均为模块单元组合结构，可根据系统要求进行组合扩充。

（五）数字视频监控系统的部分性能

（1）视频输入：1 路至 16 路视频（video）。

（2）每路图像帧数：25 帧 / 秒。

（3）最大显示和压缩帧数：400 帧。

（4）压缩技术标准：MPEG-1 或 MPEG-4。

七、出入口控制系统

（一）出入口控制系统

出入口控制系统也称为门禁系统，它对正常的出入通道进行管理，对进出人员进行识别和选择，可以和闭路电视监控系统、火灾报警系统、保安巡逻系统组合成综合安全管理系统，是智能建筑中必不可少的组成部分。

实现出入口控制主要有以下几种方式。

（1）在需要了解通行状态的门上安装门磁开关。安装在门上的门磁开关会向控制中心发出该门开关的状态信号，同时系统控制中心将该门开关时间、状态、门地址等信息予以记录。

（2）在需要监视和控制的门及通道上，除了安装门磁开关，还可以设置电动门锁。系统控制中心可监视这些门的状态，控制这些门的开启和关闭。某通道门还可以由程序控制，在某一个时间段处于开启状态，在其他时间段处于关闭状态。

（3）在需要监视、控制和身份识别的重点区域的门或通道处，除了安装门磁开关、电动锁，还可以安装磁卡识别器及密码键盘等装置，由控制中心监控，并做适当的记录。

（二）出入口控制系统主要的检测技术手段

（1）磁条卡。磁条卡是出入口控制系统中常用的一种电子装置，可储存大量的信息，而出入口控制系统需要储存的信息量并不大。用户可以从卡中读取信息，也能将新信息存入卡中，这样可以使自动变更信息成为可能。

（2）光学卡。光学卡结构比较简单。它的表面有特定的图案孔洞，通过穿过孔洞的光线对图案孔洞构成的密码进行检测。

（3）集成电路（IC）卡。IC卡也叫智能卡。该卡存储区域中能寄存大量的数据，可在多种场合使用，并且卡上的信息方便修改。只有使用专用设备才能读取IC卡存储区域中的相关数据，因而IC卡很难伪造。在出入口控制系统中使用IC卡，有很高的安全性。

（4）感应卡（非接触IC卡）。使用者使用感应卡时不需要将其插入读卡机中，手持感应卡接近读卡机就可以完成读卡操作并快速通过出入通道关卡。感应卡具有防水、防污的性能，能用于潮湿的恶劣环境，并且使用方便，节省识别时间，特别适合安全要求不太高、流通量大的情况。随着性价比的提高，感应卡已逐渐成为智能建筑出入口控制系统的主流识别卡。

（5）非出示系统。非出示系统中的卡和配套装置可以反射由读卡机发射的高频信号，再由读卡机接收反射回来的信号，当然这个作用范围仅为几米以内。非出示系统大多应用于仓库、医院等区域及场所。

八、电子巡更系统

电子巡更系统也是安全防范系统的一个子系统。在智能建筑的主要通道和重要区域设置巡更点，保安人员按规定的巡逻路线在规定时间到达巡更点进行巡查，并在规定的巡逻路线、指定的时间和地点与安防控制中心交换信息。一旦某一路段发生异常情况及突发事件，巡更系统能够及时反应，并发出报警。

电子巡更系统的通信方式分为有线方式和无线方式。在有线方式中，巡更系统由计算机、网络收发器、前端控制器等设备组成。保安人员到达巡更点并触发巡更点开关，巡更点将信号通过前端控制器及网络收发器实时传送给计算机系统。因此，采用有线方式的电子巡更系统，也叫在线式巡更系统。在无线方式中，巡更系统由计算机、传送单元、手持读取器、编码芯片等设备组成。编码芯片安装在巡更点处代替巡更点，保安人员巡更时，手持读取器读取数据。巡更结束后，将手持读取器插入传送单元，将其存储的所有信息输入计算机中进行处理。

九、停车场管理系统

车位超过 50 个时，安防系统需设置停车场管理系统。因此，智能建筑的规模决定了停车场管理系统也是一个必不可少的子系统。该系统对智能建筑的正常运营和加强车辆安全管理来讲是必须具备的设施系统，其主要功能是泊车与管理。

（1）泊车。该系统对车辆进出与泊车的控制可达到安全、有序、迅速停车及驶离的目的。停车场设有车位引导设施，使进入的车辆能够尽快找到合适的停泊车位，保证停车全过程的安全。停车场管理系统还要进行停车场出口的控制，使被允许驶出的车辆能方便、迅速地驶离。

（2）管理。管理者采用该系统对停车场进行科学高效的管理，使车辆驶入、驶出时交费迅速，方便使用停车场的用户。同时，管理者又能实时掌握停车场管理系统整体的工作情况，并能方便地进行记录。停车场管理系统主要由入口控制、出口控制、管理中心与通信管理四大部分组成。

十、对讲系统

对讲系统用于建筑物安全管理，对于防止外来人员未经授权进入，确保智能建筑用户的个人、财产安全有很重要的作用。新型的可视对讲系统技术含量高，在明亮的白天或是漆黑的夜晚，使用者都能清楚地看见室外的来访人员。

对讲系统由主机、若干分机、电控锁和电源箱组成。一般在建筑物的主要出入口安装对讲控制装置，并配有各住宅房号数码按键。在入口处、管理室的分机也叫访客管理控制机。

第三节 消防与办公自动化系统技术

对于建筑智能化系统来说，消防与办公自动化系统是必不可少的子系统。

一、消防自动化系统

消防自动化技术的主要内容包括：火灾参数的检测技术、火灾信息处理与自动报警技术、消防防火联动与协调控制技术、消防系统的计算机管理技术，以及火灾监控系统的设计、构成、管理和使用等。

（一）火灾自动报警系统的发展特点

火灾自动报警系统一般设置在工业建筑与民用建筑内部，以及其他可对生命及财产造成危害的火灾危险场所，与自动灭火系统、防排烟系统及防火分隔设施等其他消防设施一起构成完整的建筑消防系统。

目前，先进的火灾自动报警控制装置大多植入了微处理器。火灾自动报警控制装置的发展有以下特点。

（1）功能综合化。火灾自动报警控制装置除了有火灾报警功能，还有防盗、燃气泄漏报警等功能。

（2）功能模块化、软件化。火灾自动报警控制装置采用可编址功能模块，便于设计、制造、维修。大部分功能通过软件设定，便于系统功能的设置及增强。

（3）系统集散化。火灾自动报警控制装置本身采用了集散系统，功能集中，系统分散，一旦某一部分发生故障，不会影响其他部分的工作。应用计算机网络技术，火灾自动报警控制装置不但彼此相互连接，而且可以和建筑物自动控制系统互联，实现相互通信，形成效能更高的系统。

（4）功能智能化。火灾探测器内植入了微处理器，应用数据库技术、知识管理技术、模糊数学理论、人工神经网络技术使火灾探测器的智能程度大大提高，消除误报。

（二）火灾自动报警系统的组成

火灾自动报警系统由火灾探测报警系统、消防联动控制系统等组成。

1. 火灾探测报警系统

火灾探测报警系统能及时、准确地探测到被保护对象的初起火灾，并做出报警响应，从而使建筑物中的人员有足够的时间在火灾尚未发展到危害生命安全的程度时撤离至安全地带，是保障人员生命安全的最基本的建筑消防系统。

（1）触发器件。在火灾自动报警系统中，自动或手动产生火灾报警信号的器件称为触发器件，主要包括火灾探测器和手动火灾报警按钮。

火灾探测器是能对火灾参数（如烟、温度、气体浓度等）做出响应并自动产生火灾报警信号的器件；手动火灾报警按钮是以手动方式发生火灾报警信号，启动火灾自动报警系统的器件。

（2）火灾警报装置。在火灾自动报警系统中用来发出区别于环境声、光的火灾警报信号的装置称为火灾警报装置。它以声、光等方式向报警区域发出火灾警报信号，以通知人们迅速安全疏散及采取灭火救灾措施。

（3）电源。火灾自动报警系统属于消防用电设备，其主电源应当采用消防电源，备用电源可采用蓄电池。系统电源除为火灾报警控制器供电外，还为与系统相关的消防控制设备等供电。

2. 消防联动控制系统

消防联动控制系统由消防联动控制器、消防控制室图形显示装置、消防电气控制装置（防火卷帘控制器、气体灭火控制器等）、消防电动装置、消防联动模块、消火栓按钮、消防应急广播设备等设备和组件组成。

在火灾发生时，消防联动控制器按设定的控制逻辑准确发出联动控制信号给消防泵、喷淋泵、防火门、防火阀、排烟阀和通风系统等消防设备，完成对灭火系统、疏散指示系统、防排烟系统及防火卷帘等其他消防有关设备的控制功能。

消防设备发出动作后，动作信号被发送到消防控制室并显示，实现对建筑消防设施状态的监视，即接收来自消防联动现场设备及火灾自动报警系统以外的其他系统的火灾信息或其他信息的触发和输入功能。

（1）消防联动控制器。消防联动控制器是消防联动控制系统的核心组件。它通过接收火灾报警控制器发出的火灾报警信息，按预设逻辑对建筑中设置的自动消防系统（设施）进行联动控制。消防联动控制器可直接发出控制信号，通过驱动装置控制现场的受控设备。对于控制逻辑复杂且消防联动控制器不便实现直接控制的情况，消防联动控制系统可通过消防电气控制装置（如防火卷帘控制器、气体灭火控制器等）间接控制受控设备，同时接收来自自动消防系统（设施）动作的反馈信号。

（2）消防控制室图形显示装置。消防控制室图形显示装置用于接收并显示被保护区域内的火灾探测报警系统、消防联动控制系统、消火栓系统、自动灭火系统、防排烟系统、防火门及防火卷帘系统、电梯、消防电源、消防应急照明和疏散指示系统、消防通信等各类消防系统，以及系统中的各类消防设备（设施）运行的动态信息和消防管理信息，同时还具有信息传输和记录功能。

（3）消防电气控制装置。消防电气控制装置的功能是控制各类消防电气设备。它一般通过手动或自动的工作方式来控制各类消防泵、排烟风机、电动防火门、电动防火窗、防火卷帘、电动阀等各类电动消防设施的控制装置及双电源切换装置，并将相应设备的工作状态反馈给消防联动控制器。

（4）消防电动装置。消防电动装置的功能是电动消防设施的电气驱动或释放。它是包括电动防火门窗、电动防火阀、电动排烟防火阀、气体驱动器等电动消防设施在内的电气驱动或释放装置。

（5）消防联动模块。消防联动模块是消防联动控制器与其所连接的受控设备或部件进行信号传输时使用的设备，包括输入模块、输出模块和输入输出模块。输入模块的功能是接收受控设备或部件的反馈信号并将信号输入消防联动控制器中进行显示；输出模块的功能是接收消防联动控制器的输出信号并发送给受控设备或部件；输入输出模块则同时具备输入模块和输出模块的功能。

（6）消火栓按钮。消火栓按钮是手动启动消火栓系统的控制按钮。

（7）消防应急广播设备。消防应急广播设备由控制和指示装置、声频功率放大器、传声器、扬声器、广播分配装置、电源装置等部分组成，是在火灾或其他意外事故发生时控制功率放大器和扬声器进行应急广播的设备。它的主要功能是向现场人员通报火灾等意外事故的发生情况，指挥并引导现场人员疏散。

（三）火灾自动报警系统工作原理

在火灾自动报警系统中，火灾报警控制器和消防联动控制器是核心组件，是系统中火灾报警与警报的监控管理枢纽和人机交互平台。

1. 火灾探测报警系统

火灾发生时安装在被保护区域现场的火灾探测器，将火灾产生的烟雾、热量和光辐射等火灾特征参数转变为电信号，经数据处理后，传输至火灾报警控制器；或直接由火灾探测器做出火灾报警判断，并将报警信息传输到火灾报警控制器。火灾报警控制器在接收到探测器的火灾特征参数信息或报警信息后，经报警确认判断，显示报警探测器的位置，记录报警的时间。

处于火灾现场的人员在发现火灾后可立即触动安装在现场的手动火灾报

警按钮，该按钮便将报警信息传输到火灾报警控制器。火灾报警控制器在接收到手动火灾报警按钮的报警信息后，经报警确认判断，显示发出动作的手动报警按钮的位置，记录手动火灾报警按钮报警的时间。

火灾报警控制器在确认火灾探测器或手动火灾报警按钮的报警信息后，驱动安装在被保护区域现场的火灾警报装置发出火灾警报，向处于被保护区域内的人员警示火灾的发生。

2. 消防联动控制系统

火灾发生时，火灾探测器和手动火灾报警按钮的报警信号等联动触发信号传输至消防联动控制器，该控制器按照预设的逻辑关系对接收到的触发信号进行识别判断。在满足逻辑关系条件时，消防联动控制器按照预设的控制时序启动相应的自动消防系统（设施），实现预设的消防功能。消防控制室的消防管理人员也可以通过操作消防联动控制器的手动控制盘，直接启动相应的消防系统（设施），从而实现相应消防系统（设施）预设的消防功能。消防联动控制系统接收并显示消防系统（设施）动作的反馈信息。

（四）智能型火灾报警系统

智能型火灾报警系统由智能探测器、智能手动按钮、智能模块、探测器并联接口、总线隔离器等组成。智能型火灾报警系统采用模拟量可寻址技术，有很高的识别真假火灾的能力。

1. 智能型火灾探测器

智能型火灾探测器是一种交互式模拟量火灾探测器，因加入了智能处理环节而具有了智能功能。

模拟量火灾探测器是一种火灾信号传感器。它将检测到的火灾信息（烟雾密度或温度）传送给火灾报警控制器，但不做是否是火警的判定。

被监测区域的环境状态变化速度一般较缓慢，但当火灾发生时，被监测区域的环境状态变化是急剧的，体现为被监测区域中的一些物理量发生急剧物理变化，现场物质发生急剧化学变化。探测器把检测到的烟雾浓度信息或温度信息周期性地转换成数字量传送给火灾报警控制器。

被监测区域中真实火情、虚假火情及其他干扰因素，同时作用在模拟量探测器的传感元件上，产生相应的模拟信号，经过诸如 A/D 转换、逻辑处理等环节后，将对应的数字信号传送给火灾报警控制器，再经过微处理器、火灾传感器的信号分析，判断火灾现象已达到的危害程度。探测器把火情严重程度对应的数据与预先的报警参考值（标准动作阈值）做比较，超过报警参考值时，便立即发出报警信号。为消除噪声干扰信号的影响，报警控制器一般还有消除干扰噪声的滤波环节。

在模拟量探测器中，各种接口器件的地址编码可由程序编制设定。模拟量探测器具有较高的可靠性与稳定性，并具有抗灰尘附着、抗电磁干扰、抗温度影响、抗潮湿、抗腐蚀的性能。不同的传感器使用不同的软件系统。模拟探测器的灵敏度可以灵活设定，并且灵敏度在不同的时段有不同的值。例如，当人员不在时，模拟探测器的灵敏度较高，可以更早地检测出火灾等。此外，模拟量探测器还具有自动故障测试功能。

2. 模拟量报警控制器

模拟量报警系统中的探测器是智能型的探测器，能够不断地把被监测区域的情况（包括正常与非正常情况）的数字化信息传输给报警控制器。火情是否真实发生，要通过报警控制器的分析判断确定并决定是否报警，因此要求微处理器具有较强的功能。

（五）火灾自动报警设备选型要点

虽然火灾自动报警系统规模大小、功能需求不同，但无论哪种型号，系统可靠性与误报率都是最基本的要素。在性价比高的前提下，我们要求设备有尽可能高的系统可靠性和尽可能低的误报率。选用设备时不可放松和降低对系统可靠性和误报率的要求。

较新型的火灾探测器植入了微处理器，整个系统的造价比集中式信号处理系统或探测器信号处理系统的造价要高，为达到经济适用的目的，我们可以灵活处理。下面是火灾自动报警设备选型的一些要点。

（1）报警设备要规范设计，适应技术发展。我们把火灾自动报警系统基本归纳为三种，并对适用的对象做了相应的规定。

①区域报警系统：一般适用于二级保护对象。

②集中报警系统：一般适用于一、二级保护对象。

③控制中心报警系统：一般适用于特级、一级保护对象。

（2）区域报警系统的选择比较简单，但使用面很广。现在区域报警系统多数由环状网络构成，也可能由树状网络构成。在一个区域报警系统中，我们宜选用一台通用报警控制器，最多不超过两台。

（3）国内集中报警控制系统的选择：国内集中报警控制系统目前有传统的系统和新型的系统，两种同时并存。前者为集中区域机型式；后者为报警控制器区域显示器（楼层显示器）型式，并且是总线制编码传输的集中报警系统。两种系统各有其特点，可根据工程的投资情况及控制要求选择。

（4）控制中心报警系统的选择：控制中心报警系统是一项非常复杂的消防工程，多用于大型建筑群和大型综合楼工程。每栋楼按其使用性质和管理情况设置消防控制室。高度集中的管理模式同分散用户之间存在矛盾，尤其是租售的各用户的档次、级别和利益各不相同，因此集中控制与管理相当困难。这种高度集中的消防控制室不是唯一的方式。消防控制室的控制设备应根据建筑的形式、工程规模、管理体制及功能要求合理确定控制方式。单体建筑宜集中控制；大型建筑群宜采用分散与集中控制相结合的方法。

（5）在投资条件允许的前提下，我们要选择较优质的产品。不能仅着眼于火灾探测器的单价，国内不少厂家的报警系统与联动配置分离，一个工程要用两台不同设备控制，现场布线复杂，整个系统报价并不低。编址探测报警与编址联动控制的统一是技术发展的必然趋势，它不仅简化了系统结构，而且降低了故障率。探测、报警、联动在本质上就是相关的，统一控制是很自然的事。

（6）我们选用产品时不仅要考虑其系统的先进性，还要注意其与楼宇自控系统的联网能力。国内智能建筑中消防自动化系统也呈分散态势，自成体系，但已具备与楼宇自控系统联网的功能。这种类型情况比较复杂，应酌情处理。

（7）国内外报警控制器产品大多倾向于模块式电路板结构，按不同需要组合控制，便于扩展。除了控制器的组成，系统的组成也趋向于采用模块式组合方式。

（8）总线制的发展解决了工程安装、调试、维修方面的不便，因此设计造型往往要求全总线，其实全总线编址方式在目前的基本情况下并不是完美的。从火灾报警与消防联动的角度出发，所有的探测器及其他现场部件不应该是目前大多数厂家采用的"部件确认"模式，而应该是"位置确认"模式，这样才能保证位置与功能的统一。这应该是今后系统发展的方向。

（9）在保护面积大、安装位置较高、相对温湿度较高或强电场环境下，点型探测器一般难以使用，因此建议选用线型红外光束感烟探测器。

（10）电缆隧道等工业建筑或特殊的应用场所难以使用点型探测器，建议选用缆式线型定温火灾探测器。

（11）家用一体化火灾报警器是一种烟感探测器与控制器的组合，捕捉到烟雾时发出报警。

二、办公自动化系统

办公自动化系统是一项具有历史性意义的系统工程，它能为信息化社会的发展提供强有力的保证，主要体现为以下几点：为信息化社会的发展提供媒介；提升信息的快速响应能力；能够更加准确和科学地帮助用户进行决策；节省办公费用。

（一）办公自动化系统概述

狭义的办公自动化系统仅指日常办公事务的自动化；广义的办公自动化系统还包括管理信息系统、决策支持系统等功能。

办公自动化系统能够帮助工作人员使用先进的办公设备和科学优秀的管理方法来提升他们的工作效率与工作质量，使企业或单位的信息化管理更加快速、便捷。它的使用与推广不但能简化办公的步骤，还会为企业或单位节省开支，使其获得更大的经济效益。

办公自动化技术是一门综合性、跨学科的技术。它综合了多学科的成果，如计算机、通信、文字处理、数值计算、声音识别、图像识别、图形识别、优化管理、行为科学、社会学、系统工程、控制论、经济学、人工智能等学科。用于办公自动化的各种应用软件内容丰富，功能强大。

办公自动化的对象是与办公有关的大量信息资源，这些资源具体表现为数据、文字、语音、图形、图像和多媒体信息等多种形式。办公自动化系统对信息的处理包括信息采集、信息存储、信息传递和信息加工。办公自动化的目的是缩短办公处理周期，最大限度地提高办公效率，改进办公质量，改善办公环境和条件，减少或避免各种差错和弊端，并用科学的管理方法，借助各种先进技术辅助决策，提高管理和决策的科学化水平。

在办公自动化系统中，各种数据、文本、图形、图像或多媒体信息均能被迅速录入计算机系统，并可方便地修改、打印或经多媒体设备输出。该系统运用网络及数据库技术，可使各职能部门的数据实现快速联机查询，相互共享。办公自动化系统是建筑智能化系统中不可缺少的组成部分。

（二）办公自动化系统的分类和组成

办公自动化系统主要包含五个模块，内容如下。

（1）个人事务处理系统。其包含待办事项、电子邮件、个人文档、个人通信录及日程安排。

（2）日常办公系统。这一模块包括了文件发放管理、文件接收管理、报告管理、领导监督、通知管理、会议管理及档案管理。

（3）资源管理。这一模块包含的内容比较少，只有资源中心、车辆管理、会议室管理三个方面。

（4）专业文件管理。专业文件管理包括设备管理、成本管理，以及办公自动化综合系统其他模块的合成。

（5）系统管理。这一模块是办公自动化系统中的最后一项，包含了更多与管理相关的内容，如用户管理、部门管理、授权管理、备份管理等。

以上五个模块构成了办公自动化系统，其功能要比传统的现代化办公系统强大得多。这一系统的应用使信息化管理更加方便、快捷，极大地简化了办公的步骤与方法，提升了工作效率。

（三）办公自动化系统的设备与信息处理技术

办公自动化系统的基本设备主要有两大类：图文数据处理设备和图文数据传输设备。前者包括计算机、打印机、复印机、电子印刷系统等；后者包括图文传真机、电传机、程控交换机及各种相关的通信设备等。随着计算机技术、计算机网络技术和信息处理技术的发展，又有许多新的办公自动化技术设备加入其中，如扫描仪、数字图像处理系统、远程网络视频会议系统、数字电视、数码相机、网络数码摄像机、笔记本电脑和能够进行无线连接的无线网络设备，以及短距微功耗的蓝牙设备等。

1. 信息的输入设备

字符识别技术及设备主要用于对纸上印刷的文字字符进行识别，将识别结果以文本方式存储在计算机中。目前的印刷文字字符识别软件及设备能阅读各类中西文字符，且准确率超过 90 %。通过字符识别软件及设备可将书面上不可编辑的文档或图片转换为可编辑的内容。

在今后的若干年内，以纸为基础的办公文件仍将大量存在，字符识别技术会发挥很重要的作用，并大大提高信息处理系统的工作效率。

2. 信息处理、复制、存储和检索

将字处理、数据处理、排版、通信综合在一起的技术现今已较成熟。视频数据信息的处理、传输和显示技术还有极大的发展潜力。数码照相、数码摄像技术能够提供一种强有力的存储、调用、传送、编辑、检查图像和色彩的手段和功能。在存储和检索方面，大存储空间的微型化存储器已迅速发展，更为科学的知识管理及知识检索技术也迅速发展起来，我们可以预言，新的知识管理及知识检索技术将在办公自动化系统中产生革命性的作用，也定将在建筑智能化系统中产生革命性的作用。远程网络视频会议系统已成为现代化的办公自动化系统中一个不可缺少的环节，这将对人们的办公方式产生重大影响，办公既可在办公室内，亦可在家中进行，即可以实现远程办公。

常用的办公自动化系统设备有计算机系统、打印机、传真机、复印机、轻印刷系统、自动收 / 取款机、打卡机、IC 卡、电子词典、光盘刻录机、网络设备、多媒体演播系统、远程网络视频会议系统、可视电话系统、绘图仪、扫描仪等。

3. 通信设备

办公自动化系统一般均设置程控交换机综合通信网、局域网与远程网，以满足办公中的国际长途直拨电话、传真、电子邮件、会议电视等通信功能的使用要求。

4. 数据库

事务型办公自动化系统配置有必备的基础数据库，主要包括小型办公事务处理数据库和基础数据库。基础数据库用来存储与整个办公系统主干业务相关的原始数据。

5. 应用软件

办公自动化系统一般将文字处理、公文管理、档案管理、编辑排版、印刷等以文字为对象的处理功能统称为字处理，而将报表处理、工资管理、财务管理、数据采集等以数据为对象的处理功能统称为数据处理。应用软件是为支持有关事务处理服务的实际工程软件，其中包括字处理软件、电子报表软件、小型关系数据库管理系统等。从发展的角度看，办公自动化事务的应用软件系统还应包括知识管理系统的软件。

办公事务处理需要提供具有通用性的应用软件包，软件包内的不同应用程序之间可以互相调用或共享数据，以便提高办公事务处理的效率。目前阶段，诸如电子出版、电子文档管理、信息检索、光学汉字识别和远程信息传输等多种办公自动化应用技术都已较成熟。在公共服务与经营业务方面，办公自动化已逐步普及，如订票、售票、购物、证券交易、银行储蓄等业务的自动化。

（四）办公自动化中的知识管理 —— 管理信息系统

在办公事务中，为了能高效率地工作，并及时得到工作所需要的信息，我们必须对信息进行有效的记录、存储与管理，这涉及管理信息系统。

管理信息系统是以计算机为工具，能进行管理信息的收集、传输、存储、加工、维护、组织、检索及使用的信息系统。它能够实时监测企业的运行情况，利用过去的数据预测未来，从全局出发辅助决策，利用信息控制企业的行为，帮助企业实现长远的规划目标。该系统的主要特征是数据量大、数据类型多、数据之间关系复杂及数据分布存储，而对数据的加工则比较简单。管理信息系统主要处理以字符为主的结构化数据，以数据库为中心，以业务管理和办公自动化为应用目标。该系统应具有数据通信和共享资源的功能。

1. 知识管理 —— 管理信息系统的主要内容

（1）管理信息系统的开发，包括各种开发方法的使用。

（2）系统开发规划，内容有现行系统调查与分析、方案构想及可行性研究、系统规划。

（3）系统分析，内容有组织结构与功能分析、业务流程分析、数据及其流程分析、功能数据分析、系统运行环境分析。

（4）系统设计，内容有系统设计的目标与内容确定、总体结构设计、数据库设计、输入设计、输出设计、处理过程设计。

（5）系统实施与评价，内容有程序设计与调试、系统调试、运行与维护。

2. 构造管理信息系统的方法

管理信息系统的建立、运行和使用并非单纯的技术实现，而是信息技术组织与管理、系统工程的综合应用，其内容包括：数据库、程序设计语言、开发工具、多媒体技术、人工智能、专家系统技术，包括互联网、内联网（Intranet）、Web 等在内的网络与通信技术，管理体制及变革方案，系统的分析、组织与优化等一系列技术。管理信息系统的结构中含有三个子系统，即战略决策与计划子系统、管理控制子系统和执行控制子系统。

管理信息系统的开发是一个系统工程，要在统一的数据环境下集成化地开发各个子系统。开发策略有自上而下方式、自下而上方式和"十"字形方式等类型。主要的开发方法有下列四种。

（1）结构化生命周期法。这是最常用的一种开发管理信息系统的基本方法。它要求开发过程严格按阶段进行，同时要求在系统建立之前就必须严格地定义和描述用户的要求；它强调树立系统开发的总体观念，采用自上而下的工作方法。

（2）快速原型化方法。其特点是开发人员在初步了解用户需求的基础上构造一个应用系统模型（原型），用户和开发人员在此基础上共同反复探讨与完善原型，直到用户满意为止。该方法的最大优点是用户从一开始就直接参与。

（3）自下向上的方法。自下向上的方法从现行系统的业务现状出发，先实现一个具体的初级功能，然后由低级到高级，逐步增加计划、控制和决策等功能，自下而上地实现系统的总目标。

（4）面向对象的软件开发方法。其基本思想同"面向对象的程序设计语言"的设计思想一致，采用对象模型、动态模型和功能模型等面向对象的建模技术来描述一个系统。以此方法进行系统分析和设计建立起来的系统模型还需用面向对象开发工具来具体实现。

3. 基于 Intranet 的管理信息系统

在基于 Intranet 的管理信息系统中，用户只需借助一个通用浏览器，使用诸如超级链接、搜索引擎等方法，通过简单点击或操作，便可方便地访问 Intranet 内外的信息资源。通过浏览器界面，还可集成许多已有系统，如电子邮件、电子表格和各种数据库应用等，这是一种更有效的构造管理信息系统的方法。

Intranet 是采用了 Internet 技术的企业局域网，遵从 TCP/IP 协议，以 Web 为核心应用，构成了一个统一和便利的信息交换平台。基于 Intranet 的管理信息系统可最大限度地利用 Internet 技术中对信息资源进行组织管理、处理、存储、传输和浏览等，建设高效能的管理信息系统。

设计者开发一个管理信息系统软件，要有一个平台基础。这个平台包括两个部分：硬件平台和软件平台。作为工作站的计算机和作为服务器的网络硬件，称为硬件平台；支持工作站和服务器的操作系统软件和用于管理信息系统开发的工具软件、数据库及数据分析工具软件，统称为软件平台。

一个信息系统的开发过程最重要的是系统的分析和设计，开发工具只是实现这个系统分析和设计的工具。管理信息系统辅助开发工具有如下几个特点：交互性，使用人机对话方式实现用户与计算机之间的交互；易使用性；高效性；易调试性和易维护性。

目前比较流行的软件工具一般分为六类，即一般编程工具、数据库系统、程序生成工具、专用系统开发工具、客户—服务器型工具及面向对象的编程工具等。这里，我们简单介绍一些常用的开发工具。

（1）PowerBuilder 开发工具。PowerBuilder 是按照客户—服务器结构（client/server）设计、研制的开发系统，是面向对象的数据库应用开发工具，可同时支持多种目前广泛使用的关系数据库系统，例如关系型数据库管理系统（Sybase）、Oracle、Informix、SQL Server 等。

（2）Excel 软件。Excel 以数据报表分析的基本形式，为用户提供了围绕报表而进行的多种数据分析功能。它在所提供的功能和用户使用的方便程度方面是非常卓越的，其数据处理和分析能力几乎覆盖了我们日常经济、经营和管理活动所包括的各个领域（诸如建立工作文件、定义模型、提取数据、定量化分析、图形分析等）。同时，它又是面向最终用户的，企业管理人员在不了解计算机和程序设计原理的情况下，经过短期训练，就能方便自如地使用它来处理管理问题。Excel 电子表格具有四大功能：工作单、图表、数据库和宏。

（3）Delphi 软件。Delphi 是较为先进的一种可视化开发工具，其在应用上使用了简捷的控件库和规范的程序代码，是数据库支持的较大的开发工具之一。

Delphi 的主要特点包括：运行速度快，执行代码小；数据库支持能力强大；支持 ActiveX 及全中文软件开发；编写报表及决策图。Delphi 的主要功能有文件管理，文件编辑，项目搜索、查看、管理，试运行程序，控件和数据库管理，以及选择工作环境、影像编辑器和数据库桌面的工具管理菜单。

（4）Visual FoxPro 软件。Visual FoxPro 是基于 Windows 平台和服务器的可视化数据库管理系统。它的每一条基本命令又可派生出多条命令。整个命令系统提供了处理大型、复杂数据库系统的能力，利用这些命令可以开发出大型的管理信息系统。

（五）办公自动化中的数据库技术

办公自动化中的数据处理在很大程度上要借助数据库来实现。数据库系统以其可靠的数据存储和管理、高效的数据存取和方便的应用开发等优点，得到了广泛的应用。

1. 网状、层次和关系型数据库

网状、层次和关系型数据库是三大经典数据库，广泛应用于商务与管理领域。

（1）网状数据库。网状数据库将记录作为数据的基本存储单元，一个记录可以包含若干数据项，这些数据项可以是多值的或者是复合的数据。网状数据库是一种导航式的数据库，用户在执行具体操作时，不但需要说明做什么，还需要说明怎么做，如在查找时不但要指明查找对象，而且需要规定存取路径。

（2）层次数据库。层次数据库用树状结构来表示实体之间的联系，结构简单清晰，但查询必须按照从根节点开始的某条路径指针进行，否则就不能直接做出回答，而且路径一经指定就无法改变。

（3）关系型数据库。关系型数据库用可以施加关系代数操作的二维表来描述实体属性间的关系，以及实体集之间联系的模型。它将数据的逻辑结构归纳为满足一定条件的二维表。

关系型数据库的主要特点是其中的数据用二维表来表示。结构查询语言（SQL）就是一种典型的关系型数据库。它是一种高度非过程化的语言，功能包括查询、操作、定义和控制等。

2. 数据库的互联网架构方式

早期的数据库以大型机为平台，是一种集中存储、集中维护、集中访问的主机终端模式。而客户—服务器模式的数据库技术，使数据库的应用更方便，与现在的网络技术结合得更紧密。网络化应用催生了第三代数据库技术。

基于 Web 的客户—服务器系统，不仅具有传统客户—服务器系统的可用性和灵活性，而且对用户访问权限的集中管理使其应用更易于扩充和管理。用户只需在一种界面（浏览器）上就可访问所有类型的信息。Web 服务器是万维网的组成部分，通过浏览器访问 Web 服务器。一个服务器除提供它自身独特的信息服务外，还"指引"着存放在其他服务器上的信息，而那些服务器又"指引"着更多的服务器上的信息，从而使全球范围的信息服务器互相"指引"，形成信息网络。浏览器与 Web 服务器之间遵守超文本传输协议（HTTP），从而进行相互通信。数据库的互联网架构方式还有浏览器 /服务器结构，用户通过浏览器向分布在网络上的许多服务器发出服务请求。浏览器 / 服务器结构简化了客户机的管理工作，客户机只需安装配置少量的客户端软件，而服务器将负担更多的工作，数据库的访问和应用系统的执行均在服务器端完成。

3. 非结构化数据库

信息技术中的数据信息大体上可以分为两类：一类能够用数据或统一的结构加以表示，称为结构化数据，如数字、符号；另一类信息根本无法用数字或者统一的结构表示，如文本、图像、声音乃至网页等，称之为非结构化数据。所谓非结构化数据库，指数据库的不定长记录由若干不可重复和可重复的字段组成，而每个字段又可由若干不可重复和可重复的子字段组成。简单地说，非结构化数据库就是字段数和字段长度可变的数据库。

由于互联网技术的发展，数据库的应用环境发生了巨大的变化。电子商务、远程教育、数字图书馆、移动计算等都需要新的数据库的支持。传统关系数据库由于其联机事务处理、联机数据分析等方面的优势，仍将在 Internet 数据库应用方面发挥自己的传统优势并获得发展。

非结构化数据库是传统关系数据库的一个非常有益的补充。其不仅兼容各种主流关系数据库的格式，而且在处理变长数据、文献数据和因特网应用方面，更有自己独特的优势。其优势包括检索的多样化、检索效率较高（如全文检索）、开发工具齐备。对于大型信息系统工程、因特网上的信息检索、专业网站和行业网站，非结构化数据库都是一项较好的选择。

4. 分布式数据库系统和其他类型的数据库技术

分布式数据库系统是地理上分散而逻辑上集中的数据库系统。该系统需配置功能强大的计算机系统和通信网络。

分布式数据库系统的一些主要特征如下：

（1）节点的透明性。不同节点上的全局用户面对的是逻辑上统一的同一个分布式数据库，数据分布和交换的分布式加工对全局用户透明。

（2）分布式数据库系统分同构和异构两类体系结构。各节点系统的数据模型（层次型、网状型、关系型、函数型、面向对象型等）相同的分布式数据库系统是同构的；反之就是异构的。

（3）节点的自主性。每个节点既有全局用户也有局部用户，因此在分布式数据库系统中存在着全局控制和局部控制两级控制，两级控制的程度也各不相同。

（4）系统有目录结构。大多数分布式数据库系统都支持全局目录，这是一种面向数据对象的目录结构。

（5）数据模型。大多数分布式数据库系统都是关系型的。

结束语

计算机网络通信技术在未来的发展过程中，还有很广阔的发展前景，也是全球竞争的焦点。我们要将计算机网络通信技术与市场需求、业务范围及对接方向有效结合起来，加强对计算机网络通信技术未来发展趋势的分析。专业人员应该使用技术知识与业务运营经验对计算机网络通信技术应用做出科学的判断，这样才能促进技术应用与技术进步，推动社会的综合发展。

参考文献

[1] 杜红英. 计算机应用技术在专业教学中的有效应用 [J]. 辽宁经济职业技术学院. 辽宁经济管理干部学院学报, 2020（05）: 98-100.

[2] 李建东. 计算机应用技术与信息管理的整合路径研究 [J]. 网络安全技术与应用, 2020（11）: 8-9.

[3] 徐家妹, 翁婧婧, 苏洁. 智能化网络安全威胁感知融合模型分析 [J]. 网络安全技术与应用, 2020（09）: 31-32.

[4] 王颖光. 工程项目管理中计算机应用技术的应用分析 [J]. 科技创新与应用, 2020（29）: 191-192.

[5] 张春娟. 计算机应用技术和信息管理的整合机制 [J]. 软件工程, 2020, 23（09）: 20-22.

[6] 赖伟良. 大数据环境下计算机应用技术的分析及探讨 [J]. 技术与市场, 2020, 27（06）: 100-101.

[7] 赵志岩, 纪小默. 智能化网络安全威胁感知融合模型研究 [J]. 信息网络安全, 2020, 20（04）: 87-93.

[8] 卢红梅. 计算机应用技术与信息管理的整合分析 [J]. 电子世界, 2020（04）: 64-65.

[9] 田根源. 计算机应用技术现状与发展趋势探析 [J]. 信息与电脑（理论版）, 2020, 32（04）: 25-26, 29.

[10] 李凯, 刘伟, 罗贵阳, 等. 以用户为中心的智能化网络运营服务方法 [J]. 电信科学, 2020, 36（02）: 101-108.

[11] 刘宇平. 计算机应用技术在工程项目管理中的应用 [J]. 电子技术与软件工程, 2019（24）: 120-121.

[12] 蒋思海. 计算机应用技术发展现状及趋势研究 [J]. 电脑知识与技术, 2019, 15（36）: 244-245.

[13] 林占国. 计算机智能化网络监控系统的设计 [J]. 计算机产品与流通, 2019

（09）：56.

[14]宋汉松. 数据中心智能化网络研究 [J]. 中国保险，2019（09）：25-27.

[15]杨雷泽,郭珍玉,姚翔.浅析计算机应用技术与信息管理的整合 [J]. 机电信息，2019（17）：180-181.

[16]孙玉杰. 计算机应用技术在工程项目管理中的应用 [J]. 电子技术与软件工程，2019（09）：150.

[17] 王雅琮. 计算机应用技术与信息管理系统优化整合的优势 [J]. 信息与电脑（理论版），2019（07）：15-16.

[18]张嗣宏,左罗. 基于人工智能的网络智能化发展探讨 [J]. 中兴通信技术，2019，25（02）：57-62.

[19]胡岚. 基于"互联网＋"的计算机应用技术基础课程教学模式研究 [J]. 天津电大学报，2019，23（01）：19-22.

[20]罗江陵. 浅析计算机应用技术与信息管理系统优化整合的优势 [J]. 信息记录材料，2019，20（02）：83-84.

[21]屠如良. 计算机智能化网络监控系统设计与实现 [J]. 电子技术与软件工程，2017（10）：10.

[22]周勇,徐英卓. 智能化网络教学系统模型研究 [J]. 电化教育研究，2007（01）：34-37.

[23]潘琰. 论智能化网络课程的建设 [J]. 开放教育研究，2003（06）：41-43.

[24]门珮玉. 智能化网络运维管理平台的研究与实现 [J]. 中国管理信息化，2017，20（02）：62-63.

[25]徐玉莲,庄道坤. 浅议"互联网＋教学诊改"视域下计算机应用技术和计算机网络技术专业课程体系与教学模式改革 [J]. 中小企业管理与科技（上旬刊），2016（01）：201-202.

[26]李万明. 浅谈计算机应用技术在工程项目管理中的应用 [J]. 网络安全技术与应用，2015（04）：45-46.

[27]周漪,温向玲. 论计算机应用技术对企业信息化的影响 [J]. 网络安全技术与应用，2013（11）：114，117.

[28]黄克斌,王锋,王会霞. 智能化网络学习行为分析系统的设计与实现 [J]. 中国教育信息化，2008（06）：55-58.